# 移动互联网应用对农户小麦新品种采用的影响

庄家煜 著

中国农业出版社

北 京

**图书在版编目（CIP）数据**

移动互联网应用对农户小麦新品种采用的影响 / 庄家煜著 . —北京：中国农业出版社，2024.4

ISBN 978-7-109-31877-9

Ⅰ.①移… Ⅱ.①庄… Ⅲ.①互联网络－影响－小麦－作物育种－中国 Ⅳ.①S512.103

中国国家版本馆 CIP 数据核字（2024）第 069293 号

中国农业出版社出版

地址：北京市朝阳区麦子店街 18 号楼

邮编：100125

责任编辑：史佳丽

版式设计：杨　婧　责任校对：吴丽婷

印刷：北京印刷集团有限责任公司

版次：2024 年 4 月第 1 版

印次：2024 年 4 月北京第 1 次印刷

发行：新华书店北京发行所

开本：880mm×1230mm　1/32

印张：6.25

字数：162 千字

定价：60.00 元

# 前言

　　中国一直都非常重视粮食安全。虽然中国粮食连年丰收，但是粮食增产背后的隐患不容忽视。如何持续保障粮食产量稳定增长、保障国家粮食安全是一个永恒课题。中国农业生产率的提升主要依赖科技进步。科技进步能够有效提高粮食作物单产水平，而作物新品种的改良迭代是科技进步的重要体现。加速作物新品种的推广，能够有效促进产业技术进步，提高品种规模种植效益，并解决区域品种布局散乱等问题，从而可以在科学育种的方向上进一步保障粮食生产安全。随着全球互联网经济的快速发展，中国农村的信息化发展进入了新的阶段，数字经济步入了快车道，移动互联网为农户提供了公益、便民、电商、培训等多方面的信息服务，为农村传统的信息流通方式、农村经济结构和社会转型提供了新的模式，并已逐步成为现代农民的"新农具"。大量理论与实践经验证明，移动互联网的应用可以为中国农业技术推广带来更多机遇。将移动互联网和农户的小麦新品种采用行为进行关联，重点考虑使用移动互联网是否可以影响农户新品种信息获取方式促进其采用新的品种，提高农技推广效率，推进农业科技进步具有重要的理论与现实意义。

以移动互联网为代表的新一代信息技术能否在小麦新品种推广过程中使农户摆脱"数字鸿沟"的束缚？能否缩小农户新品种采用过程中因人力资源禀赋、生产要素禀赋、社会禀赋等造成的差异？移动互联网应用能否显著促进农户小麦新品种的采用？移动互联网应用对小麦新品种采用的影响机理路径是怎样的？为了深入探讨上述问题的机理，本书以S型曲线理论、农户行为理论、信息搜寻理论等为基础，从农业新技术扩散角度出发，基于要素替代视角，在现有研究的基础上通对移动互联网应用影响农户小麦新品种采用的机理进行分解，沿着小麦新品种信息传递、评估、采用的路径，深入探究移动互联网对不同禀赋的农户新品种采用的影响。本书选用了河南省小麦种植区698户农户的微观调查数据，运用内生转换回归（endogenous switching regression，ESR）模型、倾向得分匹配（propensity score matching，PSM）、中介效应（mediation effect）分析法，分析移动互联网应用对农户新品种采用的影响效应，以期解决现有研究中的问题，为农业新品种推广的发展提供理论依据，具体内容如下。

（1）从理论上深入分析和探讨移动互联网应用对农户小麦新品种采用的作用机理。在S型曲线理论、信息经济学、农户行为理论等基础之上，阐述了移动互联网的应用会对农户小麦新品种的采用产生影响，并从信息获取能力、风险态度和预期收益3条路径分析了农户使用移动互联网会对新品种采用产生的影响。

（2）使用内生转换回归模型和倾向得分匹配模型考察

移动互联网应用对农户小麦新品种采用的影响，证明了移动互联网应用对小麦新品种的采用有着显著的正向影响。在综合考虑调研数据的选择偏差和农户异质性的基础上，对小麦新品种种植情况进行分析。结果表明：移动互联网作为重要的信息传播载体，在1%的水平上正向显著地影响农户对小麦新品种的采用行为。农户的受教育年限、小麦种植经验、参加农技培训情况、参加合作社情况正向影响农户对小麦新品种的采用率，年龄、小麦种植规模负向影响农户对小麦新品种的采用率，家庭人口、家庭劳动力数量、家庭年收入等变量均没有对农户对小麦新品种的采用产生影响。移动互联网的应用能够增加农户对小麦新品种的采用率，对不同特征的农户对小麦新品种的采用都有促进效应，特别是高年龄或经常参加农技培训的农户在使用移动互联网后对小麦新品种的采用率上升得更为明显。

（3）在农户对小麦新品种信息获取能力、风险态度和预期收益测度的基础上，笔者通过中介效应模型，重点考察了移动互联网应用对农户采用小麦新品种的影响机制。结果表明，信息获取能力、风险态度和预期收益在移动互联网应用对农户采用小麦新品种的影响中存在显著的中介效应。其中，信息获取能力的中介效应为9.97%，风险态度的中介效应为8.63%，预期收益的中介效应为19.80%。在信息传播环节，移动互联网应用通过提升农户信息获取能力来促进小麦新品种的采用行为；在面对不确定性风险时，移动互联网应用通过降低农户风险厌恶程度来促进小麦新品种的采用行为；在评估决策环节，移动互联网应用通过提升农户预期收益来促进小麦新品种的采用行为。并且，不同特征的农户应用移动互联网的小麦新品种采用机制有明显的差异。

本书通过移动互联网介入小麦新品种扩散传播过程的研究，揭示了农户因使用移动互联网而加速小麦新品种采用的内在机理，聚焦移动互联网的发展对农户小麦新品种采用的影响，结合分析结论，提出在政策层面应重视通过移动互联网进行新品种推广的建议：①持续推进以移动互联网为主体的数字乡村建设；②加大农民智能手机和移动互联网使用培训；③建立完善农业信息服务补贴政策；④着眼农业生产数字化转型应用，完善农民信息服务体系；⑤重视并优化农业技术推广模式；⑥合理利用移动互联网改善农户农业生产素质。

著　者

2023 年 1 月

# 目录

# 第1章　•••
# 导　　论

## 1.1　背景与意义

### 1.1.1 背景

　　"民为国基，谷为民命。"粮食安全事关国计民生，历来受到各届政府的高度重视。《中华人民共和国国民经济和社会发展第十四个五年规划和 2035 年远景目标纲要》指出，粮食安全战略是国家经济安全保障的重要组成部分[①]。2021 年的中央农村工作会议强调，要毫不放松抓好粮食和重要农产品生产供应，牢牢守住保障国家粮食安全的底线。在中国，粮食安全问题属于政治课题也属于经济学课题，更加属于社会问题，如何有效解决中国在粮食生产过程中各类问题已经成为当前学界研究的焦点。在中国巨大的人口基数下，要保障粮食的安全、有效供给，就要保障粮食生产的能力不断提高，即要求有不断提升的农业生产力。从目前中国土地情况来看，耕地面积可提高的空间非常有限，调整种植结构在一定程度上可以提升土地使用效率，但对于粮食生产的影响微乎其微。《中国农村发展报告（2021）》预测，到 2035 年中国农村科技进步贡献率将达到 70% 以上，农业生产基础进一步夯实，常住人口城镇化

---

　　① 中华人民共和国中央人民政府，《中华人民共和国国民经济和社会发展第十四个五年规划和 2035 年远景目标纲要》，http://www.gov.cn/xinwen/2021-03/13/content_5592681.htm。

率将升至72%左右，农村基础设施和社会服务更加完善。但是，目前中国粮食产量增长很大程度上还是依赖于农药、化肥等要素的投入，过度的依赖资源型增长方式难以持续，未来必将依靠以科学技术为核心手段的方式来提高农业生产效率。小麦是中国重要的粮食作物，也是中国贸易量较大的粮食品种。2020年，中国小麦产量为13 425万吨，消费量为13 838万吨，进口量为815万吨。2020年，在新型冠状病毒感染疫情冲击的背景下，高度重视粮食生产，出台了一系列强有力的政策措施（农业农村部市场预警专家委员会，2021），从而保证了小麦产量的稳定增长。国家粮食和物资储备局公布的报告显示①，2020年新收获小麦整体质量为近10年最好。但是中国小麦产业的发展并不乐观，在中国人均小麦消费数量不断增长、小麦进口数量逐年增加（柯炳生，2018）的背景下，提高粮食产量最重要的方式就是提升粮食生产率，而提高粮食生产率最优的途径就是将最新的科研成果以要素投入的形式转换至粮食生产中（王一杰等，2018）。这就需要不断地依靠科学技术的更新发展，并将最新科研成果进行转化。

作物新品种的改良迭代是农业科技进步的重要方式，也是推进现代小麦产业技术进步的动力。从本质上讲，新品种的推广是一种技术扩散过程，它是由农业技术推广部门通过宣传、示范等手段，引导农户采用所推广新品种的一种专业技术交流活动。推广的主要作用就是建立作物新品种与农户之间的信息纽带，能够让农户掌握新品种的种植技术，以达到减少投入或者增加收益的目的（Machlup，1978；Mao and Koo，1996）。通常，研究人员会对作物新品种的技术扩散过程进行建模，利用技术扩散模型来定量描述新品种采用行为在农户间的传递规律。目前，国内多数小麦种植农

---

① 国家粮食和物资储备局，《2020年新收获小麦质量调查情况的报告》，http://www.lswz.gov.cn/html/ywpd/bzzl/2020—07/29/content_257083.shtml。

户受自身对新品种认知能力有限、抗风险能力弱等限制，更愿意采用通过简单模仿就能够掌握种植技术的品种（吴冲，2007）。所以，农业技术推广是农业技术进步的重要环节，是现代农业科学技术从实验室到田间地头的"最后一公里"。在传统农业技术推广模式下，农户受其自身资源禀赋、信息渠道有限等要素的影响，在农业新技术采用过程中常会处于滞后状态（钟秋波，2013）。

科学技术在农业发展过程中一直扮演着重要的角色，各地政府一直把高效地向农户传递最新的科研成果作为农业工作的重要课题。近年来，越来越多的农业科研人员着眼于如何提升农户科技水平，这也赋予了农业技术推广新的含义，即将新品种的推广活动视为与农户信息交换和技术培训的过程（徐舒等，2011）。这种方式更能突显农户作为生产经营主体的主观能动性，从而改变传统被动式的农业技术推广方式（唐彪和徐宇，2017）。从全球视角来看，农业技术扶持已经成为各主要农业生产国非常重要的非价格农业保护手段。而在所有农业扶持手段中，农业技术推广是绝大多数国家首选的扶持方式。中国经过几十年的农业技术推广工作的经验积累，形成了较为完善的农业技术推广体系，该体系在农业技术相对落后的时期对推动农业技术进步起到了至关重要的作用（Maredia et al.，2014）。但是，随着市场经济的迅速发展，各项资源快速地流向了收益优势较高的其他行业（黄季焜，2000），这种传统的农业技术推广体系已难以适应新时代农业技术扩散的需求。

移动互联网的不断发展为全球各国的经济增长与社会生活水平的提升做出重要贡献。中国是一个农业人口与农业生产大国，农业发展水平对中国经济的整体发展具有直接的影响（郭永田，2007）。在改革开放发展的几十年中，中国农业发展伴随着信息技术的发展取得了显著的成效，农业生产效率和生产力有了大幅度提升。农业信息化为解决中国"三农"问题提供了有力的技术支持（朱幼平，

1996)。当前，中国农业正朝着实现农业现代化方向发展，在农业供给侧结构性改革发展的新阶段，农业农村信息化建设成为实现农业现代化目标的重要途径与工具。《"十三五"全国农业农村信息化发展规划》[①] 强调，信息化是落实中国农业现代化目标的重要工具，也为中国农村经济大力发展、全面建成小康社会提供了力量。为推动中国农业农村信息化发展，农业农村部于 2014 年起在全国范围内推广实施信息进村入户工程，这一工程是"互联网＋"与现代农业相结合的标志性基础工程。随着信息进村入户工程的推进，移动互联网在农村得到广泛的推广和应用，提升了农户信息资源禀赋的水平（孔繁涛等，2016），实现了技术信息在农户间的高效传递（陈欢等，2017），拉近了农业科技人员和农户的距离，改变了农户生产决策方式（李国英，2015）。

为了进一步了解移动互联网应用对农户新品种采用的影响，本书选择重要的粮食作物——小麦作为研究对象，着重从近年来小麦新品种推广、种植的角度出发，在对移动互联网应用和农户选择行为内涵深刻理解的基础上，深入分析近年来移动互联网应用对农户小麦新品种采用的影响，并对其影响效果及机制路径进行实证分析。现今，中国农村信息化是农村现代化发展中的一项重要内容，移动互联网的应用对农户小麦新品种采用行为是否有影响，以及如何对农户小麦新品种的采用行为产生影响，这将是本书探讨的重要问题。

## 1.1.2　问题提出

现今，随着全球互联网经济发展进程的推进，中国信息化的发展进入了新的阶段，数字经济步入快车道。移动互联网为农户提供

---

① 2016 年 9 月 1 日，农业农村部正式发布《"十三五"全国农业农村信息化发展规划》，http://www.moa.gov.cn/xw/zwdt/201609/t20160901_5261564.htm。

公益服务、便民服务、电商服务、体验培训等服务，推动农村传统的流通方式转变、促进农村经济结构和社会转型，它已成为新时代农民的"新农具"。大量理论与实践经验证明，移动互联网的应用可以为中国农业技术推广带来更多机遇，但是当前农村小麦新品种、新技术推广过程中仍然存在诸多问题。因此，本书聚焦农户小麦新品种采用提出以下问题。

（1）当前移动互联网及小麦新品种在中国农村的发展现状如何？有何特点？

（2）从理论上讲，移动互联网应用能否对农户小麦新品种采用产生影响？有什么样的影响？

（3）从微观角度分析，移动互联网应用对农户小麦新品种的采用行为是否有影响？

（4）移动互联网应用对不同类型农户的影响程度是否有显著差异，对哪类农户小麦新品种采用影响更为显著？

（5）如果移动互联网应用能够有效促进农户小麦新品种的采用，那么其机理路径是什么？

## 1.1.3　意义

本书从粮食安全问题出发，结合当前小麦产业现代化发展遇到的问题，通过对当前移动互联网应用与农户小麦新品种采用情况的梳理，探讨移动互联网应用与农户小麦新品种采用之间的关系。

### 1. 理论意义

从理论意义上讲，本书以S型曲线理论、信息经济学、搜寻理论和农户行为理论为理论依据，探索农户采用小麦新品种的内在逻辑和对农业生产效益的影响作用。目前，缺少移动互联网应用对农户新品种采用影响的专门研究，因此本书将在这个方向深入了解移动互联网的发展对农户生产经营决策行为的影响，为未来农业新品种采用、新技术推广提供更加科学的理论支撑。

**2. 现实意义**

从现实意义上讲，粮食安全、农业技术推广问题一直都是中国社会关注的热点，农业向现代化转型、解放农业劳动力是中国现代农业发展的必然趋势。观念落后、文化素质较低等因素使得农户存在农业技术掌握水平普遍较低、农业技术信息接收滞后等问题，农户无法快速、有效地提升生产效益，阻碍了中国现代农业的发展。本书将利用农村移动互联网普及和农户小麦新品种采用的相关数据，探究移动互联网应用对农户新品种采用的影响机制，以全面认识实施信息进村入户工程所取得的成效与发展中的困境，为农业农村信息化发展政策与策略的制定提供一定的参考。此外，从移动互联网应用的角度分析对农户小麦新品种采用的影响因素，有利于从根本上改变中国农业原有的农业技术推广方式，为推动农业产业结构升级、实现农业现代化提供参考，并为中国农业未来发展寻找可行途径。

# 1.2 目标与内容

## 1.2.1 目标

**1. 总目标**

在明确研究的背景及意义的基础上，笔者通过梳理国内外研究现状（包括研究理论、研究方法等）提出本书的研究目标与内容。本书将深入研究移动互联网应用对农户小麦新品种采用的影响机理，并从农户小麦新品种信息获取能力、风险态度和预期收益 3 个路径探究移动互联网应用是否可以通过改变农户小麦新品种采用行为来影响小麦新品种的采用率，为研究移动互联网应用对农户小麦新品种采用的影响提供新的理论和实证研究框架。

**2. 分目标**

将本书所探讨的总目标又分解为以下 3 个分目标。

目标一：阐述移动互联网应用现状，在以往研究文献的基础上，阐述农户在使用移动互联网过程中对新品种采用行为和新品种需求的新特征。

目标二：依据以往研究方法与成果，从理论与实证两个路径，探究移动互联网应用对农户小麦新品种采用的影响，并进一步分析不同禀赋特征的农户的处理效应差异及其差异性原因。

目标三：厘清移动互联网应用对农户小麦新品种选择的影响机理和作用路径，为通过移动互联网进行农业技术推广提供可靠的依据。

### 1.2.2　主要内容

为了实现总目标和分目标，本书将从创新扩散视角，构建"移动互联网—技术扩散—小麦新品种采用"理论架构，并通过描述性统计、倾向得分匹配模型、内生转换模型、Logit 模型、中介效应模型等方法，探讨移动互联网应用对农户小麦新品种采用的影响，以及对不同农户影响效应的差异。通过实证研究，厘清移动互联网应用对农户小麦新品种采用的作用机制，为不同农户选择合适的方式提供信息服务，有效地改变农户对原有小麦品种的惯性并促进小麦新品种的采用和发展。主要内容如下。

（1）移动互联网应用、小麦新品种种植的现状分析。通过对当前农村移动互联网应用与农户小麦新品种采用情况的梳理，探讨移动互联网应用与新品种推广的逻辑关系。从移动互联网在农村的发展进程和现状着手，分析目前农村移动互联网的普及存在的问题与影响因素。

（2）移动互联网应用对农户小麦新品种采用影响的理论分析。首先，寻找研究内容的支撑理论，梳理农业技术扩散、信息化发展相关的经济理论，包括 S 型曲线理论、信息经济学、搜寻理论和农户行为理论等；其次，借鉴技术扩散模型分析农户小麦新品种采用率在移动互联网应用后的变化特征；最后，基于搜寻理论和农户行为理论，进一步推导出移动互联网应用对农户小麦新品种采用的影响机理路径。

（3）移动互联网对农户小麦新品种采用影响的实证分析。首先，基于理论分析，通过内生转换回归模型，证明河南省农户使用移动互联网对新品种采用效应的影响；其次，通过建立倾向得分匹配模型，对结果进行稳健性检验；再次，通过比较实验组（使用移动互联网的农户）样本与对照组（未使用移动互联网的农户）中相匹配样本之间的差异，分析不同特征农户受移动互联网应用影响的差异；最后，通过引入替代变量的方法再次进行稳健性检验，进一步证明移动互联网应用可以对农户小麦新品种采用产生影响。

（4）移动互联网对农户小麦新品种采用影响机制的实证分析。利用综合评价方法、实验经济学方法等，对农户小麦新品种信息获取能力、风险态度和预期收益进行测度。在移动互联网应用影响小麦新品种技术扩散的路径上，从认知、说服、决策、实施和评估多个方面寻找影响农户"潜在"的小麦新品种采用行为因素，深入探讨移动互联网应用促进农户小麦新品种采用的影响机理和作用路径。运用中介效应模型，从农户新品种信息获取能力、风险态度和预期收益 3 个路径，证明移动互联网应用是如何对农户小麦新品种采用产生影响的。最后，对不同农户中介效应的差异进行分析。

（5）结合实证分析的结果及当前小麦新品种推广的困境，从制度建设、政策引导，到市场导向、模式发展，再到人员培养等各个层面提出利用移动互联网推进新品种推广的措施与建议。

## 1.3 数据来源与分析方法

### 1.3.1 数据来源

本书主要使用宏观数据和微观实地调研数据来分析移动互联网

应用对农户小麦新品种采用的影响，其中微观实地调研数据为核心数据。

宏观数据来源：《中国统计年鉴》《中国农村统计年鉴》《河南统计年鉴》《全国农产品成本收益资料汇编》和国家统计局官方网站等数据库。农业互联网发展等相关政策主要来源于中央1号文件、农业农村部官方网站、国家发展和改革委员会官方网站。

微观实地调研数据来源：调研人员采用入户调查问卷的形式，选取河南省小麦种植面积广且经济发展水平具有较大差异的地区作为研究区域，选取小麦主要生产地区10个县（每个县70份左右）的调查问卷。河南省种植的小麦属于冬小麦，通常在每年10月种植，为了保证调研的信息不跨生育期，故调研时间选为2020年11月至2021年4月。调研人员为中国农业大学研究生与河南省益农信息社信息员。调研问卷的主要内容：农户生产环节中小麦新品种采用和需求情况，移动互联网应用情况及使用移动互联网获取农业生产信息服务的内容等。此外，调研问卷还涉及反映农户家庭基本特征的指标，如被访者年龄、受教育程度、家庭人口等变量。调研人员在调查问卷收集过程中会对调研的数据进行清洗、核实，最终根据每张调查问卷的质量向被访者发放劳务费用，对于质量较差的调查问卷会在统一确认后进行剔除，以保证数据质量。调查问卷包含河南省小麦主要种植区的农户问卷和乡村问卷，最终获得了10个行政县754份农户问卷，通过整理、筛选，最终确认698份调查问卷可以作为本研究实证分析样本。

### 1.3.2　分析方法

本书采用定性与定量、理论与实证相结合的研究方法。理论部分包括：文献研究法和定性分析法，在已有研究理论基础之上对移动互联网应用对农户新品种采用的影响机理进行分析。实证分析方法包括：内生转换回归法、倾向得分匹配法、中介效应分析法。本书为了保证分析准确、方法科学，分析内容的设计应具有现实可操作性与针对性。本书所使用的分析方法有以下几种。

**1. 文献研究法**

在研究准备阶段，笔者通过相关理论著作、学术论文等，对国内外关于农业信息化、移动互联网、S 型曲线理论等研究成果和实践案例进行整理，综合分析已有研究的结论，为本书拓展研究方法与思路提供参考。通过对农业信息化、农业技术推广相关政策文件与解读文献进行归纳总结，梳理相关政策的变化特点（附表 1），对将要研究问题的发展现状与演变归类进行比对与总结。

**2. 田野调查法**

田野调查法，又称实地调查法，一般是指研究人员深入乡村地区，在一定的研究时间内通过观察、参与农村生活等方式获取一手信息的研究方法（瞿海源等，2013）。国内外著名的田野调查法的代表人物是费孝通和 Bronislaw Kasper Malinowski。研究人员前往河南省多个村庄运用田野调查法进行调研，以了解移动互联网应用与农户小麦新品种采用的影响。

**3. 调查问卷法**

本研究主要的核心方法之一是调研分析法（郑震，2016）。通过对河南省当前农户移动互联网的实际使用情况、小麦新品种采用及其推广效果的一手资料。对河南省主要小麦种植乡镇干部、农户以及河南省农业科学院科技研究人员进行访谈，确立研究的基本出发点，根据要解决的农业问题设计农户调查问卷，通过多次调研完善调查问卷。详细的调查问卷见附录 2。

**4. 计量统计法**

（1）内生转换回归法。内生转换回归法，一般用于消除样本选择性偏差或者解决内生性问题（Wilde and Parke，2000）。该方法属于一种扩展的 Heckman 模型，可不用将所有影响因素作为回归变量进行分析，通过变量的非随机分配来解决内生性样本的选择偏差问题。为弱化移动互联网应用对农户小麦新品种采用的"自选择"问题，研究将使用内生转换回归法分析移动互联网应用对农户小麦新品种采用的影响，并深入探讨不同特征禀赋农户的差异性与内部联系。

（2）倾向得分匹配法。倾向得分匹配法是通过使用非观测数据进行干预效应分析的研究方法（Dehejia et al.，2002）。如果直接引入小麦种植农户移动互联网应用情况作为虚拟变量，直接进行回归分析，则参数估计就会产生偏误。因为在这种情况下，我们只观察了某一个农户应用移动互联网后产生的表现，并且将这种表现和另一些没有应用移动互联网的农户的表现进行比较，这样的比较是不科学的，因为比较的基础并不相同。本书将借鉴李晓静等（2020）的做法，利用"反事实推断"选取应用移动互联网的农户和未应用移动互联网的农户进行倾向得分匹配，在去除共同支撑域外样本后，最终使用匹配后的样本进行回归分析。

（3）中介效应分析法。中介效应分析法是一种通过分析解释变量对被解释变量影响的过程和作用机制来分析目标发展路径的研究方法。与常见的只分析解释变量对被解释变量影响的方法相比，中介效应分析法不仅在方法上有一定进步，还能深入地挖掘更多有价值结论（温忠麟和叶宝娟，2014）。本书中研究的移动互联网应用对农户小麦新品种采用影响的机理路径，可以建立中介效应模型进行计量分析。中介效应模型可以分析并识别移动互联网应用影响农户小麦新品种采用过程中，对农户新品种信息获取能力、风险态度和预期收益影响的中介效应。

**5. 实验经济学方法**

实验经济学方法是由经济学家 Vernon Smith 提出的理论。该方法利用仿真手段创造与实际经济环境类似的实验环境，通过不断地改变实验参数可以得到实验数据，在对实验数据整理分析后，可以用来描述或检验已有的变量或理论。为了避免因主观原因造成测量偏差，本书将基于前景理论与效用理论的实验经济学方法，对农户小麦新品种采用时的风险态度进行量化测度，测度后的风险态度将作为中介效应模型的重要考察变量。

## 1.4 概念界定

### 1.4.1 信息技术相关概念

**1. 信息技术与农业信息化**

信息技术是指使用计算机手段来存储、传输、使用数据信息，一般是由用户使用的计算机系统组成，包括软件、硬件和外部设备。信息技术是信息和通信技术（information communication technology，ICT）的子集，通常以各类信息系统形态出现，如互联网、大数据、物联网等。农业信息化则是将信息技术的各类技术应用在农业生产、消费、流通的各个环节，并推动农业农村的现代化发展（梅方权，2001；蔚海燕，2004；韩海彬和张莉，2015）。通过信息技术在农业中的应用可以推进农业信息资源的共享与技术推广，可以突破时间与空间上的限制，带动农业生产率的提升，进而可以缩小贫富差距，达到共同富裕。

**2. 移动互联网**

移动互联网是指通过移动终端利用无线通信方式获取信息服务的新型信息交互模式，通常包括移动终端、系统软件与应用软件3个部分。其中，移动终端一般是指用来连接互联网的硬件设备，如智能手机、平板电脑等；系统软件通常是指支撑系统运行的基础软件平台，如操作系统、数据库等；应用软件是指最终实现用户信息需求的软件，如媒体软件、通信软件、游戏软件等。移动互联网是信息技术发展到特定阶段的必然产物（王江汉，2018），它将移动通信和互联网紧密结合，并基于移动互联网平台衍生出更多的信息服务与应用。相对于传统互联网（梁晓涛和汪文斌，2013），移动互联网的用户可以在移动状态下随时、随地访问网络以获取信息，享受生产、商务、生活等各种网络信息服务。移动互联网具备个性化信息服务模式，可以为不同用户群体量身定制差异化的信息服务，并可通过无线传输的方式及时地将信息传递给用户。

笔者在实地调研过程中发现，相对于其他移动终端形式，农户多依靠智能手机来访问移动互联网。智能手机具备移动终端和系统软件的功能，因此，基于移动互联网的基本定义，本书提出的移动互联网应用是指农户利用智能手机和应用软件连接互联网获取信息的过程。针对本书研究对象，借助于现有研究基础（吴吉义等，2015；刘根荣，2017），本书定义的移动互联网应用变量是指农户使用智能手机并使用应用软件获取农业信息。

**3. 信息获取能力**

信息获取能力是指利用通过自身禀赋获取所需农业信息的能力，主要包括：农户了解各类信息的渠道、掌握信息获取的工具（高静和贺昌政，2015）。所以，本书所指的农户小麦新品种信息获取能力是指在农业生产过程中，农户通过其掌握的信息渠道，及时准确地获取小麦新品种相关信息，并满足其对农业生产经营决策各个阶段对信息需求的能力。

对于农业信息获取能力的测度：Genius 等（2014）通过信息渠道的数量来测度信息获取能力；杨柠泽等（2018）通过综合评价的方法，利用不同信息渠道的作用进行赋权，并以其加权平均值来测度信息获取能力；高杨和牛子恒（2019）认为以简单信息渠道的数量来测度信息获取能力无法体现不同渠道的差异性，而赋权加总的综合指数也会因农户先验价值判断带来较多干扰，应通过构建项目反应理论（item response theory，IRT）模型的方法来测度农户信息获取能力。本书将从小麦新品种的本体信息、种植信息、市场信息设置指标体系，利用量化方法对农户小麦新品种信息获取能力进行测度，并作为重要的中介变量进行分析。

### 1.4.2 新品种采用相关概念

**1. 小麦新品种**

现有文献中对作物新品种的定义通常有 3 种。

定义一：生物技术人工培育或者在野外发现的经过开发推广，具备特异性、创新性、一致性和稳定性等特点的作物品种。

定义二：农户第一次采用的作物品种。

定义三：上市时间不长的作物品种。

中国的新品种审定通常由国家机关或指定的部门组织，对已经试验证明其品质或抗逆性等性能优良、产量比目标地已有品种高 10％以上且稳定的品种进行考察，考察通过后颁发审定合格证书。根据《中华人民共和国种子法》植物新品种中的定义①，本书结合定义一和定义三的内容，以通过新品种审定并获得批准的小麦品种，并且审定时间到种植时间不超过 3 年的品种为新品种。

**2. 采用行为**

农户的采用行为是指农户在从事生产过程中，为了实现自身的生产收益而对外部技术做出的决策反应。通常，农户是以家庭为单位的，家庭的各个成员朝着他们共同的目标进行农业生产活动（Williamson，1975；韩耀，1995）。农户是农业生产决策与实施的主体，而农业生产活动会直接影响农业生产结构和农产品的供给，对农民收入水平的提高具有重要影响（卫新等，2005；Kim et al.，2006）。基于新古典经济学理论，农户的生产经营决策行为通常可以通过建立农户行为模型来分析其新技术采用行为，但是这种模型是基于许多理想假设前提的，并不能完美地解释农户的采用行为。

---

① 《中华人民共和国种子法》中对新品种的定义：对国家植物品种保护名录内经过人工选育或者发现的野生植物加以改良，具备新颖性、特异性、一致性、稳定性和适当命名的植物品种。

农户是农业新品种推广的主体对象，通常农户决策是否采用新品种会受到许多因素（个体因素、环境因素等）的影响，因此农户的采用行为通常不是一个独立的个人决策过程，而是在个人特征和外部环境共同影响下的农业生产行为。黄炜虹（2019）认为，农户的新品种采用行为是由农业技术扩散的效果决定的，而农业技术推广的核心在于如何提高农户的采用率。Rogers（1983）将农户的采用行为分为 5 个阶段，按照先后顺序分别是认知、说服、决策、实施及评估。在认知阶段，农户会通过各类渠道去获取新品种的各类信息，以了解新品种具有的特征；在说服阶段，农户会根据个人经验、他人种植效果等感知新品种种植后可能带来的有利效果和不利效果；在决策阶段，结合所了解新品种的信息和实际情况，农户会决定是否采用新品种；在实施阶段和评估阶段，农户会结合实际种植新品种后的情况，对实际种植收益进行对比评估，再次决定是否继续采用新品种（Pamuk et al.，2014；Kuehne et al.，2017）。

本书所涉及的农户小麦新品种采用率是指农户在实际种植过程中近 3 年（2017 年 1 月 1 日以后）通过审定小麦品种的播种面积占其全部小麦播种面积的比例情况。

**3. 风险态度**

风险态度是指人们对目标有影响（正面影响或负面影响）的不确定性所选择的态度，或对目标不确定认知所选择的一种回应。通常，风险态度用来描述人们规避风险或者接收风险的一种倾向，不同的个人特征、经历都会引起风险态度的变化（西爱琴，2006）。随着农户在生产经营过程中收入的变化、经验的积累，其对待风险的态度也会逐渐改变。

本书所涉及的农户小麦新品种风险态度是指农户在面临新品种种植决策时所持有的风险厌恶、风险中立、风险偏好态度。在具体实证模型中，以变量"风险厌恶程度"进行描述，该变量越大代表该农户越厌恶风险，反之则越偏好风险。

**4. 预期收益**

预期收益（期望收益）是指基于当前已知信息能够预测到未来的收益情况，对于不确定性的收益通常以数学期望值来描述，它是农户进行生产经营活动时重要的决策因素之一。本书所涉及的农户小麦新品种预期收益，是根据前期小麦种植经验的绩效反馈对采用新品种做出的预期性判断（刘艳婷，2020）。

## 1.5　本书特点

本书的创新之处是在微观层面从理论和实证不同研究视角，证明了移动互联网应用对农户小麦新品种采用的促进作用及其影响机制，并进行了差异性分析。

### 1.5.1　研究对象与范围

在研究对象和范围方面，已有的研究往往针对各类影响农户新品种选择的因素进行大范围研究，而本书使用河南省小麦种植地区698个农户实地调研数据，选择以农户小麦新品种采用率作为因变量进行分析，限定具体信息技术（移动互联网）影响的更小范围，具有显著的针对性。研究调研了具体详细的指标变量，检验了各个环节的理论假设，从微观角度实证移动互联网应用对农户小麦新品种采用的影响，并从农户小麦新品种信息获取能力、风险态度、预期收益3条路径实证移动互联网应用对农户小麦新品种采用的影响机理，并得到一致性的研究结论。

### 1.5.2　理论机制

已有的研究对现代信息技术如何影响农业技术扩散缺乏结构性和系统性的分析，使研究存在路径泛化问题，缺乏研究深度。本书综合利用S型曲线理论、信息经济学、搜寻理论和农户行为理论，为农户小麦新品种采用方面研究工作提供了新的理论架构:"移动互联网—技术扩散—小麦新品种采用"。基于微观经济学原理,构建新品种扩散的数学理论模型,从数学角度描述了移动互联网应用和农户小麦新品种采用率的数据表达,并证明了移动互联网的应用可对农户小麦新品种采用产生促进效果。

### 1.5.3 研究内容

关于现代信息技术对农业生产影响的研究更多的是对农业生产率、农户收入方面研究,鲜有考虑移动互联网应用对农户信息获取能力、风险态度和预期收益等转变给其在农业生产经营决策行为带来的影响,也就不能充分研究移动互联网对当前新技术推广与采用行为带来的影响,本书希望弥补这一分析角度的不足,丰富农业技术推广领域的研究。

目前国内外的研究很少关注移动互联网的应用对农户新品种采用的影响,多将新品种采用行为看作影响农业技术扩散的一个因素加以考虑,而本书从农户信息资源禀赋角度出发来分析其对农户新品种采用的影响,并通过移动互联网促使的信息扩散来剖析农户对新品种的采用行为影响,为进一步深入研究农业新技术、新品种推广提供了新的切入点。

### 1.5.4 研究方法

本书综合应用了内生转化回归模型、倾向得分匹配模型、中介效应模型等方法,根据不同研究需要进行实证分析,既能够深入分析移动互联网应用对农户小麦新品种采用的影响机理,又能够分析不同特征农户使用移动互联网对小麦新品种采用效应的差异,还能够有效解决农户小麦新品种采用的内生性问题。在综合应用各类模型的同时能够保持分析问题的前后一致性,各个研究环节根据分析需要再进行调整与优化。

# 第2章 •••
## 研究进展

## 2.1 理论基础

本书所涉及的理论基础有 S 型曲线理论、信息经济学、搜寻理论和农户行为理论等。下面对相关理论进行梳理与总结,以便可以更好地理解和分析移动互联网应用对农户小麦新品种采用行为影响的经济学原理,为后续相关研究提供理论支撑。

### 2.1.1 S 型曲线理论

S 型曲线理论最早是由美国学者 Rogers(1983)提出的,认为技术扩散是新技术的传播过程,通过需要依赖一定的技术传播渠道在潜在的接受者中直接进行传递。新技术的传播通常由新技术的产生、技术传播渠道和潜在的接受者 3 个方面构成,其中技术传播渠道决定了新技术的传播方式。另外,新技术的传播需要一定的时间,在初期,新技术会在小范围的接受者之间传播,到了中后期,接受新技术的人数会大幅度增加。由于在新技术传播过程中的不同阶段所需的时间不同(张森等,2012),如在新技术扩散末期,潜在的接受者数量会明显降低,接受扩散曲线也相应会变得平缓(杜因,1993)。Rogers 将技术扩散过程分为 5 个阶段,即认知阶段、说服阶段、决策阶段、实施阶段和评估阶段。S 型曲线理论认为,一种新技术在其发展的初期技术进步比较缓慢,但当这个技术进入快速成长期以后就会迅速变为指数型增长，随着技术的不断成熟就会逐渐进入曲线的顶端，其增长率就会不断地放缓并进入发展晚期（周鸿卫和田璐，2019），这个时候往往会伴随着更新的技术出现，形成新的 S 型曲线。众多学者的研究表明（Basu and Weil，1998；李平，1999；林毅夫等，2004；高鸣和宋洪远，2014），具有创新价值的农业技术在扩散过程中一般可以用 S 型曲线来表示，该曲线是一条以时间为横坐标，以新技术采用的累积量（或者累积百分比）为纵坐标的曲线，如图 2-1 所示。

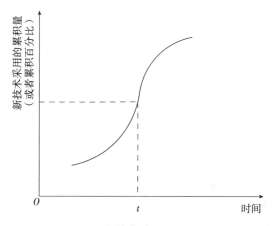

图 2-1　新技术采用的 S 型曲线

根据 S 型曲线理论，新技术通常有 5 个属性需要被感知：可观测性、可尝试性、兼容性、复杂性和比较优势（李琪，2018）。其中，可观测性是指创新技术被潜在采用者的可观测程度，越容易被观测到的新技术越有利于被采用；可尝试性是指新技术可以被潜在采用者通过简单方式进行模拟的难易程度；兼容性是指新技术所需的知识、经验与传统技术相一致的程度，兼容性越高的创新技术，通常越容易被采用；复杂性是指潜在采用者理解、掌握新技术的难度；比较优势是指采用新技术比传统技术带来的效益增量情况，通常比较优势越好的新技术越容易被采用（Lucas，1988）。

S 型曲线理论是新品种推广与农户新品种采用行为机制研究的重要理论依据，为本书的移动互联网应用对农户小麦新品种采用的影响机理研究提供了重要的指导。借鉴 S 型曲线理论有助于理解移动互联网在新品种推广过程中的作用机理，小麦新品种的推广本质上是农业科技成果从源头流向最终采用者的过程，移动互联网在这一过程中充当了中介载体，对农户新品种采用的行为产生了不可忽略的影响。

## 2.1.2 信息经济学

信息经济学诞生于 20 世纪 50 年代，建立在信息经济这类新的经济形态之上，以信息和信息经济为研究对象，研究经济活动中的信息问题或信息活动中的经济问题的基本理论与运行机制（刘明，2013）。Schoemaker 和 Amit（1994）在 Wernerfelt（1984）的基础上，将信息资源进一步分为信息资源与信息能力，其中信息资源可以通过信息工具获得且不具备特异性，而信息能力则是掌握信息个体的特有属性，是农户运用信息工具获得信息的结果。信息经济学主要关注信息资源的合理配置以及信息资源的开发、利用和流通（乌家培，1996）。信息经济学打破了传统经济学的理性经济人和完全信息的假设，并成为经济学研究的重要方向之一（许丹琳，2018）。

信息经济学认为：①不同生产者的信息初始分布是不均匀的且存在一定差异；②信息不是免费资源，它的获取是需要支付一定成本的；③信息的传输存在不完全现象，不同的信息渠道传输的信息存在差异性。

农户使用移动互联网等新型信息工具获取的农业生产经营活动的相关信息可以作为信息资源投入农业生产中，为自己的生产带来竞争优势（梁荣，2005；杨长福和张黎，2013）。Bélanger 和 Crossler（2011）认为，目前的互联网信息具有资源的通用性，农户可以通过互联网获得各类同质的农业信息，但是对于信息的理解和分析能力千差万别。农户在生产决策时通常处于不确定状态，掌握足够多的有效信息有利于做出最优的决策。基于信息经济学的基本理论，本书认为信息资源不是一个常识或可忽略条件，它是农户在生产过程中的要素投入，且不同农户存在差异化的信息禀赋（波拉特，1987）。农户在使用移动互联网等新型通信工具时，可以获得无差异化的农业信息，为农业生产决策提供必要的决策依据，为农业生产的持续增长提供动力，从而推进农业科技进步（靖继鹏，2004）。

## 2.1.3　搜寻理论

Stigler（1971）以微观经济学为基础提出了搜寻理论。在搜寻过程中，搜寻者会不断比较搜寻后的边际成本与边际效益，当边际收益大于边际成本时，搜寻者便会考虑做出新的决策。Diehl 等（2003）认为，信息搜寻是有成本的，搜寻者需要将搜寻所产生的各类成本作为要素投入。从成本视角出发，产生信息搜寻成本的主要原因有：信息不对称性、有限理性和不确定性等。而 Stigler 认为，只有在消除不确定性因素的影响后，当预期收益大于搜寻所花费的各项成本时，人们才会决定进行信息搜寻活动。在信息搜寻过程中，农户可以选择有更高预期收益的新技术，因此通过信息搜寻活动可以使农户获得更高的收益。由于农户个人特征、家庭特征、社会特征的差异性和复杂性，农户信息不对称现象在农村地区愈发严重（沈梅和杨萍，2005）。信息不完备会造成资源错配（Attewell，1994）。农户在信息环境中通常处于弱势地位，从而成为农产品、生产资料市场的被动接受者，难以做出最有利的生产决策。近年来，许多学者对信息搜寻理论做出实证研究。王丽和赵岩红（2014）指出，在农户的社会网络中，最佳信息搜寻对象是亲朋好友，虽然存在一定的局限性，但是通过亲朋好友进行信息搜寻具有成本低、示范性强等特点。

不同信息搜寻方式的成本、效率有很大的差异，而移动互联网的快速发展大幅降低了传统信息搜寻的成本，提高了信息搜寻的效率。基于搜寻理论，移动互联网可以成为一种有效的农业技术推广形式，这种方式可以降低农户信息获取成本，提高农户信息搜寻频率，从而避免市场上的机会主义倾向和解决信息不对称问题。通过移动互联网，搜寻者可以以更加低廉的成本，获得更多的有效信息，进行资源的优化配置，从而做出更佳的生产决策。

## 2.1.4  农户行为理论

本书研究的农户小麦新品种的采用过程是农户综合其外部与内部因素做出的行为决策。本书从外部环境、内外部因素交互作用、新品种采用行为过程多个角度选取了具有代表性的农户行为理论（马志雄和丁士军，2013）。

理性行为学派的 Schultz（1964）认为，农户是追求利润最大化的生产厂商，农户会综合利用劳动力、土地、化肥、农药、农业机械等生产资料进行合理配置，期望以最低的成本获取最大化的生产效益。农业生产增长停滞现象的出现是因为投入边际收益的递减，而非农户行为的不理性。Popkin（1979）在提出的理性小农理论中阐述了农村生活形态形成农户自利的行为模式，这种行为模式能够从根本上保证个人利益的实现。进一步来说，"小农"属于理性经济人，其生产经营决策行为是为了满足其自身利益最大化的结果。理性小农理论为新技术采用行为选择研究提供了理论基础，对农户小麦新品种采用行为分析有着重要的指导作用。农户新品种采用过程就是不断比对在已知生产风险条件下新旧品种能够带来收益差异的过程。种植新的品种通常会带来更多的收益，但种植新的品种通常需要更多的生产资料投入、劳动力投入和更多的知识学习成本，同时因为对新品种信息的掌握不足会带来更多的种植风险。农户作为理性经济人，只有当预期收益足以覆盖增加的投入和风险损失时，才会考虑采用新的品种。

小农理论的代表人 Lipton（1968）认为，生存是农户从事生产行为的首要目标，规避风险是农业生产的基本原则。在此理论假设下，农户的风险态度大多数属于风险厌恶型，农户的生产行为并非完全是基于利润最大化的，在新技术决策时，通常对待新技术会表现消极的心态。不同于企业的生产行为，农户主要依赖家庭农业生产力进行农业生产，通常只需要满足基本的生活保障，对农业生产的边际效益并不敏感。恰亚诺夫（1996）认为，保守的生产行为会阻碍新技术的扩散，农户的风险态度不容易被外界因素影响，所以要促进农户新品种的采用行为首先要降低创新技术的使用风险。基于该理论，本书认为农户在小麦新品种采用决策时，并非只将生产收益作为判断依据，而是综合考量采用新品种的收益和风险情况。

Rogers 的创新扩散理论最具代表意义，其认为认知阶段属于技术扩散初期，一般潜在接受者不太熟悉推广的技术，通常需要进行初步的学习进而形成一定的感性认知，尤其是在新技术优劣和实施难度等方面；在说服阶段以及决策阶段，通过深入收集信息、了解新技术的细节，个体对新技术会形成采用和拒绝两种截然不同的态度。个体是否采用新技术需要分析比较采用和拒绝两种方案可能给现实生活带来的影响。个体如果采用新技术，那么到实施阶段就会评估新技术的实际效益，并且将其与所预期的收益进行比较；如果新技术带来的效益达不到潜在接受者的预期收益，那么其就会考虑放弃使用新的技术，但如果采用后的收益明显高于预期收益，那么就会进一步采用新技术。乔丹等（2017）认为，在现实情况下，农户对新技术的采用呈现为一个连续的动态过程，在对农户新技术采用的行为研究时，不能将农户"采用"或"不采用"简单地作为离散的二值变量进行考察。吴雪莲（2016）认为，农户对绿色农业技术的采用行为是一个多阶段过程，不仅有形成认知还有发生采用行为。在整个采用过程中，农户的认知和行为的许多影响因素存在一定差异。项朝阳和孙慧（2014）对农户安全蔬菜种植意愿做了相应的研究，发现对农户安全蔬菜种植意愿具有正向促进作用的因素有农户的种植习惯、风险态度和预期收益等。崔亚飞和Bluemling（2018）认为，对农户行为起到直接影响的因素是农户过往相似经验的启发与外部知觉行为的控制。满明俊等（2010）对陕甘宁传统农区的研究发现，软件环境（参加农业技术培训、农技站服务等）对农户新技术采用行为的影响要明显大于硬件环境（通信基础设施、新技术信息渠道数量等）。

在解释移动互联网影响农户采用小麦新品种的意愿与行为的影响方面，农户行为理论提供了清晰的分析框架，对理解农户新品种采用行为的理论指导意义在于：①有利于解释农户采用小麦新品种的多阶段行为过程。农户对小麦新品种的采用是一个发展的过程，具体包括对新技术的认知、产生采用意愿、进而形成采用意向、最后做出实际采用行为。②表征了对农户行为产生重要影响的因素是信息推广，农户所处的信息环境为个体行为发生提供了情境和氛围，因此信息环境因素对于农户采用小麦新品种的行为过程产生了重要的作用。③为后续更好地理解移动互联网应用对农户小麦新品种采用的影响机制。在接触新品种时，首先，农户会对新品种的经济效益、种植难度等方面产生正面或负面的心理预期，结合周围其他人对小麦新品种的看法形成自己的主观判断；其次，农户会结合自身的天赋、获取和掌握技术的难度等来判断对新品种的可控程度；最后，农户对小麦新品种形成自己的采用行为意向和最终的实际采用行为。

因此，本节通过梳理已有的经济学理论，厘清了新技术在农户间扩散的过程机理及农户新技术采用的行为机制。本节认为，农户的小麦新品种采用行为是在感知风险的前提下，追求收益最大化的理性经济人行为，农户会根据其收益目标在自身禀赋、资源禀赋等约束条件下决定是否采用小麦新品种。

## 2.2　研究进展情况

相对于城市而言，移动互联网在农村的推广与应用均较晚。由于农业本身的特点，通过移动互联网推广农业新技术（新品种）更为复杂和困难，更具有机遇性和挑战性。目前，关于移动互联网应用对农户新品种采用影响的研究较少，虽然国内外学者绝大多数的研究对象仍是传统宏观指标与品种推广使用的关系，缺乏详细的移动互联网应用对农户新品种采用影响机理的研究，但是其核心的理论和研究成果对本书是同样适用的。因此，本书将梳理和参考其他技术对新品种推广的核心理论和研究现状，也具有很强的借鉴和启示意义。

### 2.2.1　移动互联网相关概念及研究进展

#### 1. 移动互联网的产生

在 20 世纪 90 年代初期，快速发展的移动通信技术崭露头角，这种融合了互联网和移动通信的新兴技术，可以轻松、高效地实现数据信息的传输和交换，这也是第五个计算机技术发展周期①。移动互联网同时具备传统互联网和移动通信技术的优势，被人们视为未来信息技术发展的重要方向之一（Pilat，2004；Porat，1978）。人们通常认为，无线应用协议即为移动互联网。中国工业和信息化部中国信息通信研究院发布的《移动互联网白皮书》给出的定义：移动互联网是依赖信息通信技术来连接互联网网络和信息服务，通常的移动互联网需要具备随时随地可访问的移动网络、可应用的移

---

① 摩根斯坦利研究所（Morgan Stanley Research）2009 年发布的《移动互联网研究报告》（*The Mobile Internet Report*）。

动终端及相应的信息应用服务。所以，移动互联网终端用户借助移动通信网络连接到互联网。移动互联网可以开展的信息服务有着无限的发展空间，如移动互联网利用其实时定位、快捷便利等特点，可以为移动用户提供个性化、多样化的服务（文军等，2014）。随着互联网、移动互联网等技术的不断发展，国际电信联盟（International Telecommunication Union，ITU）通过发布信息化发展指数（information development index，IDI）来定量描述全球各个国家的信息化发展水平。国际电信联盟编制的 IDI，主要通过信息和通信技术接入（ICT access）、信息和通信技术应用（ICT use）、信息和通信技术技能（ICT skills）3 个方面进行度量，具体指标体系如表 2-1 所示。

表 2-1 国际电信联盟 IDI 体系

| 一级指标 | 二级指标 | 二级权重 | 一级权重 |
|---|---|---|---|
| 信息通信技术接入 | 每 100 名居民的固定电话用户数 | 0.20 | 0.40 |
| | 每 100 名居民的移动电话用户数 | 0.20 | |
| | 每 100 名居民的宽带用户数 | 0.20 | |
| | 家庭电子计算机拥有比例 | 0.20 | |
| | 家庭互联网接入率 | 0.20 | |
| 信息通信技术应用 | 使用互联网比例 | 0.33 | 0.40 |
| | 每 100 名居民的固定宽带互联网使用数 | 0.33 | |
| | 每 100 名居民的活跃移动互联网订阅量 | 0.33 | |
| 信息通信技术技能 | 平均受教育年限 | 0.33 | 0.20 |
| | 中学毛入学率 | 0.33 | |
| | 高等教育毛入学率 | 0.33 | |

资料来源：国际电信联盟发布的 *Measuring the Information Society Report*。

《中国移动互联网发展报告（2019）》指出，截至 2018 年底，中国使用移动通信工具的人数超过了 15 亿，人均移动通信工具拥有量超过 1.1 台，全年的移动互联网每户月均流量高达 4.42 吉字节，远高于许多发达国家。随着中国移动互联网基础设施的不断完善，移动互联网的服务形式越来越多样化。移动互联网建设的主要特点可以总结为：①国家不断在加强移动信息监管的法治建设；②整体智能化应用增多，越来越多的信息场景通过大数据、人工智能等手段提升了信息服务质量；③整个移动互联网环境得到明显改善，发展更加健康有序。

### 2. 移动互联网等信息技术与农业

国外移动互联网等信息技术在农业中的应用研究始于 20 世纪末期，初期的研究（Demi，2010）主要集中在如何把科研部门的农业技术成果有效地传输到农户手中。这些研究指出，农民为了减少有害化肥、农药的污染会通过电话、访问、互联网等多种形式来了解农业信息。Ikoja-odongo（2002）对乌干达的农民进行调研分析发现，80％以上的受访者获取农业信息是为了更有效地定位市场和把握农产品市场价格变化，以期实现经营规模扩大与收入增加。Kumbhakar 和 Lovell（2003）认为，农业农村信息服务研究更倾向于引进前沿信息传播技术，而很少把重点放在通过满足贫困农村人口的信息需求来解决农业农村信息需求与服务问题。美国农业部建立了国家、地区和州 3 个层级的农业信息网络，其具有权利、责任和利益清晰明确的农业信息管理体制，确保了美国农业信息的权威性和世界影响力。不断发展的农业信息应用技术使农业公司、专业协会、合作社及农场都在使用计算机技术和网络信息技术。德国在农业信息化方面，更加注重农业信息技术开发工作，非常积极地促进计算机技术和网络信息技术在农业中的广泛应用（Tucker et al.，2002）。法国在农业信息化方面，根据不同地域的产业现状制定了详细的农业信息化发展战略，将多元化信息服务主体发展作为主要推动方式，对不同类型的农业信息化模式进行有针对性的引导和支持。日本通过在每个县建设分中心的方式，在全国构建了农业技术信息服务网络系统，这样农户能够迅速获得有效的农业信息，做到信息随时共享。农业信息化系统能够提供准确的市场信息，每个农户通过这个农业信息化系统都能对国内市场甚至世界市场的农产品价格、生产数量有全面和准确的了解，根据这些信息调整生产品种、种植面积来控制产量（范凤翠等，2006）。印度政府通过信息化技术为农户提供市场信息，尤其是市场供给和需求的信息，同时，在推动农村科技项目方面，印度政府和企业为农户提供政策和资金支持（Mehta et al.，2006）。Damania 等（2017）指出，信息媒介在农业新技术扩散过程中有着举足轻重的作用，它能够将信息供给者和信息需求者进行匹配，可以保证信息在双方传递的效率。

农村信息化是一个综合性概念，不仅涉及科学技术领域，还涉及社会科学领域（张喜才和黎向阳，2008）。在国家对"三农"问题越来越重视以及乡村振兴的背景下，农村信息化越来越受到社会各界的关注，同时也成为学者关注的焦点。如何进行乡村振兴背景时代下的信息基础建设，如何提高农业、农村信息服务效率是中国农业部门亟须解决的现实问题。路剑和李小北（2005）通过分析认为，当前中国农村信息化发展的较大阻力是政府信息服务不足和农户个人信息水平不高，通过解决这两个阻力可以摆脱中国当前农村信息化建设的困境。信息进村入户是中国农业发展中提出的信息化发展模式，由于国情不同与发展现实，国外并没有这一概念。自2014 年中国试行信息进村入户工程项目以来，相关研究大多着眼于对信息进村入户实施效果、问题等定性研究。孔繁涛等（2016）通过比较分析国内外农业信息化的发展状况和技术差异，认为中国需要通过"互联网＋现代农业"等农业信息化工程的建设才能快速提升农业信息化水平。刘继芳等（2018）对河南、贵州两省实施信息进村入户工程的调研进行总结分析，指出了河南、贵州两省在信息进村入户工程实施中所采取的具体措施，并指出了信息进村入户工作中存在的问题和发展思路。张芳菲和宋久洋（2019）总结了河南省汝州市实施信息进村入户工程的情况，包括建设 370 个益农信息社，覆盖汝州市 80% 的行政村等信息进村入户工程的实施目标。相对而言，从定量分析的角度对移动互联网应用对农户新品种采用研究的文献极少，通过搜索还没有发现有可借鉴的定量分析文献资料。

**3. 影响农民使用移动互联网的因素**

影响农民使用移动互联网的有利因素有以下几个方面。

（1）配套政策大力支持。近年来，政府大力支持农村互联网的发展。2022 年 1 月，中央网络安全和信息化委员会办公室等十部门发布《数字乡村发展行动计划（2022—2025 年）》，提出到 2023 年，数字乡村发展取得阶段性进展。网络帮扶成效得到进一步巩固提升，农村互联网普及率和网络质量明显提高，农业生产信息化水平稳步提升，"互联网＋政务服务"进一步向基层延伸，乡村公共服务水平持续提高，乡村治理效能有效提升。到 2025 年，数字乡村发展取得重要进展。乡村 4G 深化普及、5G 创新应用，农业生产经营数字化转型明显加快，智慧农业建设取得初步成效，培育形成一批叫得响、质量优、特色显的农村电商产品品牌，乡村网络文化繁荣发展，乡村数字化治理体系日趋完善。同年 11 月，中央网络安全和信息化委员会办公室与农业农村部联合制定的《数字乡村建设指南 2.0》围绕信息基础设施、农业全产业链数字化、乡村建设治理数字化、乡村公共服务数字化、乡村数字文化、智慧绿色乡村等领域，进一步完善内容、丰富案例，更好地指导各地建设数字乡村。一系列政策文件的出台，说明了大力发展农村互联网、加快弥合城乡互联网鸿沟的重要性。

（2）农村居民生活水平明显改善。2003 年农村居民人均可支配收入 2 690 元，2022 年农村居民可支配收入增长到 20 133 元，2003—2022 年年均实际增长 10.6%。随着中国社会经济的不断发展，中国居民收入持续增长，农村居民生活水平在不断改善，消费能力也在不断提高。农村居民已经从原来的追求解决温饱逐步迈向了追求更高水平的小康生活。党的十九大报告指出，当前社会主要矛盾已经转化为人民日益增长的美好生活需要和不平衡不充分的发展之间的矛盾。人民日益增长的美好生活需要是指随着物质生活条件的改善，农村居民逐渐开始追求精神文化，并且追求的精神文化的形式日益多样化，读书、健身、娱乐、学习新知识与新技能等都成为广大农村居民的精神文化追求。移动互联网在农村的兴起可以同时满足居民多样化精神文化的需求，更好地满足农村居民日益增长的美好生活需要（庄家煜等，2021）。

（3）互联网大环境驱动。互联网已经改变了人民的生产及生活方式，如视频聊天、网上购物、手机支付等越来越多的移动互联网行业蓬勃发展，逐步影响到社会的各方面（李想，2016）。随着移动互联网不断深入农村，越来越多的农村居民开始使用智能手机等移动终端设备。移动支付的普及在一定程度上替代了现金，越来越多的商家使用收款二维码，这对不使用移动支付的人的生活造成了不便，促使其中一部分人开始使用移动支付。

影响农民使用移动互联网的不利因素有以下几个方面。

（1）地区发展不平衡。农村区域之间发展不平衡问题一直是中国的基本国情之一。从地理位置来看，东部沿海地区的农村经济发展处于较好的水平，而西部地区一些农村经济发展要相对滞后；从产业结构来看，东部地区很多农村已经实现从农业向非农业及农业深加工方向的转化发展，西部地区的农村仍然较多以传统农业为主，这造成了经济发展的不平衡。地区发展不平衡问题导致区域之间移动互联网技术的发展严重不平衡，其中移动互联网基础设施建设的不平衡、农村居民收入不平衡、文化素质水平不平衡等均是造成地区之间移动互联网技术发展不平衡的因素。

（2）山区地形复杂。中国地形复杂多样，山区面积广大，处于山区的农村居民生活水平普遍不高。山区的地形复杂、居民较为分散，对于商业机构来说，在山区建设移动互联网基础设施的难度大、建设及维护成本高，移动互联网基础设施投入产出不成正比，这导致山区的移动互联网要比其他农村地区发展得更慢一些。因此，在发展偏远山区移动互联网应用上，政府部门更需发挥关键作用。

（3）受文化程度限制。农村居民文化程度普遍较低，大多数农村居民只能对智能手机进行简单的操作，而无法有效操作和利用智能手机开展其他业务。尤其有一些老人，担心移动互联网不安全而排斥使用智能手机等移动终端设备。同时，移动互联网的发展也给不使用智能手机、不接触移动互联网的老人的生活带来了不便。2020 年新型冠状病毒感染疫情期间，个人健康码成为人们的通行证，但是对于没有智能手机的老人来说没有办法展示个人健康码，对他们的出行造成很大的困扰。农村居民对智能手机等移动终端设备的操作能力的提高，能够帮助农村居民增加使用智能终端设备新功能的兴趣，从而进一步促进移动互联网在农村的发展（罗震东和项婧怡，2019）。

根据河南省农户微观调研数据，影响农户移动互联网使用的因素如图 2-2 所示。

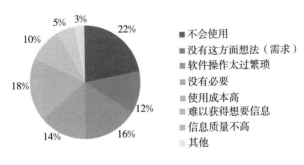

图 2-2  影响农户移动互联网使用的因素

**4. 农村移动互联网的发展趋势**

（1）农村移动互联网基础设施建设将进一步加强。目前，农村移动互联网基础设施建设和城市仍然有一定的差距，农村地区之间也存在发展不平衡问题。随着政府部门重视程度的提高，高质量移动互联网在农村尤其是偏远地区的覆盖率将会进一步提高。对于移动互联网商业运营机构而言，农村移动互联网业务的建设与开发会为他们提供广阔的发展机遇。在政府部门和商业运营机构的双重推动下，农村移动互联网基础设施将会更快地健全和完善，让更多的农民享受到移动互联网技术带来的福利，感受互联网技术发展的浪潮。

（2）农村移动互联网应用领域将不断深化。当前移动互联网应用领域（如电子商务、共享经济、互联网金融等领域）在农村的发展还不够成熟，未来移动互联网应用领域会不断深化。2019年，农业农村部、国家发展和改革委员会、财政部及商务部联合发布《关于实施"互联网＋"农产品出村进城工程的指导意见》，该意见指出要紧紧抓住互联网发展的机会，充分发挥大数据、网络技术的应用，完善农产品产销供需平台的建设，进一步促进农产品电子商务发展。

在农村建立共享经济平台，可以很好地盘活农村的闲置资产，在提高资产利用率的同时给农村居民带来额外的收益。目前共享经济在农村尚处于起步阶段，未来有很大的发展空间。而且，未来共享经济会进一步提高农业生产效益和农民生活质量，从而缩小城乡差距，推动数字乡村的发展。互联网金融是互联网技术、信息通信技术与传统金融相结合的技术，网上借贷、融资、消费一体化的互联网金融在城镇应用得已经比较成熟，但是目前在农村应用最多的是手机支付，其他领域应用得相对较少。未来互联网金融其他领域的应用将会在农村进一步发展，为农村居民带来更大的便利。

（3）农村居民移动互联网接受程度将进一步提高。互联网发展速度特别快，但其在农村地区仍存在很大发展空间，仍需要农村居民提高接受度。一些保守的人对互联网的印象仍然停留在互联网诈骗、乱扣费等负面印象上，造成了他们在意识上抵制互联网的现象。但是随着移动互联网的兴起，移动互联网带给生活的便捷在成倍式地提高，这在一定程度上引起了他们对移动互联网的兴趣。另外，随着互联网安全保护相关法律的不断完善及安全保护技术的不断突破，互联网诈骗情况有所改善，商业机构乱扣费现象也得到了遏止。随着这些问题的改善，未来农村居民对互联网的印象会慢慢改变，主动去接受新技术（庄家煜等，2021）。

## 2.2.2　农村信息技术应用的研究

### 1. 影响中国农业信息化水平发展的因素

西方发达国家的农业信息化技术一直处于领先地位，刘丽伟（2008）从经济学、社会发展系统动力学等视角综合分析了西方发达国家农业信息化快速发展的原因，并且实证说明农业全面信息化能够显著提升农业生产力。综观中国农业信息化发展现状（姚文戈，2005），各个地区呈现出发展的阶段性和不平衡性，地区农业信息化水平差异很大，东北地区的农业信息化水平相对较低，大多数地区的农业信息化水平尚处于初期或者中期阶段，这与当地的农业经济发展水平呈现出密切的关联性。吴淑芳等（2005）认为农民受教育年限、信息人才不足、农业产业化发展水平不高等因素是制约当前中国农业信息化发展的主要因素。葛宝山和李军（2007）研究认为借助现代网络及计算机技术，农业信息化提升了农业生产效率和效益的同时，也是中国由传统农业实现向现代化农业迈进的重要动力，其研究运用了 DEMATEL 方法来辨识影响中国农业信息化发展的主要原因，通过农业信息化系统中各因素的重要程度来确定中国农业信息化建设的重点和关键环节。范昕昕（2010）研究发现推动中国农业信息化发展的主要因素有农民素质、农业信息组织与管理能力、政府调控能力、农业信息化技术水平等；制约因素有农民收入、农业组织化程度与农业产业化发展水平。黄烨（2010）运用波拉特方法定量分析了中国农业信息化发展的变化趋势，并通过实证检验了中国农业信息化发展的影响因素，并提出相应的政策建议。通常，可以利用综合指数法等量化方法对农业信息化的发展水平进行测度（王双，2015）。徐小琪和李燕凌（2019）通过构建量化的农业信息化指标评价体系，对中国农业信息化发展水平进行了评估，其分析结果显示：中国的农业信息化水平主要受农业服务和基础设施建设水平影响。

**2. 移动互联网等信息技术的应用对农业生产的影响研究**

20世纪80年代，许多人并没有意识到信息技术会对未来整个社会经济发展产生显著的提升（Baily，1986）。国外大多倾向于研究移动互联网等信息技术对经济各方面发展的影响（Gust et al.，2004），认为许多国家生产效率放缓是因为繁重的监管环境影响了劳动力市场行为，从而阻碍了信息技术的使用。Ramirez（2013）评估了信息化进程对区域市场发展的影响，解决了区域市场互动的理论模型构建问题，确定了区域结构信息化的关键流程及市场信息化管理模式，并提出了市场信息潜力评价模型。上述研究为本书研究提供了信息化水平测量指标的一些参考。另外，Tan（2013）选取劳动力、资本投入、耕地面积、肥料投入和信息投入等影响农业经济增长的主要因素，并以网站拥有量，图书、杂志和报纸的出版种类和数量，每100户拥有的家庭电话数量，每100个家庭拥有的电脑数量，农民花在交通和通信、文化、教育、娱乐和服务的费用以及农业科技服务人员的总数为信息化指标进行研究，研究结果表明信息基础设施建设、信息手段的利用、农业科技知识的普及和推广对促进农业经济增长具有重要作用。结合中国农业发展中信息技术应用对农业经济增长的作用研究，其量化指标的选取具有一定的参考性。而Ogutu等（2014）在匹配信息技术相似性测度的基础上，证实了信息技术的发展会显著促进农业生产率的提升。

中国学者于淑敏和朱玉春（2011）通过对中国 2001—2011 年农业信息化水平的测算，证实了农业信息化的发展可以显著促进农业全要素生产率。田涛等（2015）在研究中以交通和通信支出、农户每百户电视机拥有量来测度农业信息服务水平变量，通过实证研究得出：中国农业全要素生产率增长受技术进步的影响程度较大，整体而言，农业信息服务水平对农业生产率有显著的促进作用。韩海彬和张莉（2015）通过研究，确认了只有当农村人力资本提升到一定"门槛"时，农业信息化才会对全要素生产率产生显著的提升作用，而且该提升作用会随着人力资本水平的提高更加显著。高杨和牛子恒（2018）借助空间偏微分方法与杜宾模型分析了移动互联网等信息技术的发展对经济具有显著的推动作用，信息化水平每提高 1 个百分点，绿色全要素生产率就会增加 0.45 个百分点，并提出了农业信息化发展的建议。杨印生和赵罡（2008）利用数据包络分析方法测度了农业投入产出评价指标。张鸿和张权（2008）通过对农业信息化等投入的相关分析提出了相应的发展农业信息技术的可行性方案，以达到促进中国农业经济增长和改革增长方式的目的。Zhou 和 Li（2017）通过实证研究，认为农户通过移动互联网等信息技术手段，可以解决因劳动力市场信息不对称而造成的劳动力资源供需匹配问题。尹宗成等（2010）运用省级面板数据，在对农业全要素生产率测度的基础上，说明了信息技术对农业全要素生产率的推动作用。

张海霞和韩佩珺（2018）运用 Hicks-Moorsteen 指数法测度并分解了 2006—2015 年四川省各个地区农业全要素生产率，结果表明：四川省农业全要素生产率呈现增长趋势，农业信息化技术进步是增长的唯一驱动力。夏佳佳等（2014）通过使用 Hicks-Moorsteen 指数法和 Malmquist 方法将全要素生产率分解为技术进步和效率变化两个方面，其实证结果：在 1979—2011 年的 22 年间，中国的技术进步年均增长率达到了 3.3 个百分点，而全要素生产率年均增长约 2.4 个百分点，混合规模效率年均增长 0.6 个百分点。于淑敏和朱玉春（2011）利用 double-log 模型分析得到了中国农业信息化指数和农业全要素生产率的关系系数，说明了农业信息化的发展和农业全要素生产率呈显著正相关关系。石晓阳等（2020）认为，移动互联网的应用对农业全要素生产率有显著的促进作用，而且移动互联网的促进效果与当地农业发展水平呈正相关关系，发展水平越高的地区移动互联网的促进效果越好。

朱秋博等（2019）采用手机信号、互联网和移动网络的接通作为农业信息化的度量，运用倍差法分析了信息化对农户农业全要素生产率的影响。研究结果表明，信息化发展对农户农业全要素生产率具有促进作用，这种作用主要通过农业技术效率提升进行实现，但受农村人力资本的制约，信息化对农业技术进步的影响并不明显。这一研究为本书的移动互联网在农户中应用水平的度量提供了参考依据，手机信号、互联网和移动网络的接通可以作为农户移动互联网应用的重要指标（苏岚岚和孔荣，2020）。此外，信息基础设施也可以作为农村移动互联网应用的衡量指标之一，可以参考的文献包括：梁再培和鲁春阳（2018）根据指标代表性等原则，构建河南省信息化评价指标体系，通过 4 项一级指标与 11 项二级指标来描述，具体一级指标包括农业信息化投入量、农业信息化设施建设量、农业信息化效率和农业信息化人才数量；二级指标包括 100 人拥有计算机数量、100 人拥有电视机数量、100 人拥有移动电话数量、100 人高中专以上人数比例、农村信息服务人员比例、农业信息化建设投资比例、农业支出占财政比例、农业科技三项费用、农业信息产值占河南省地区生产总值比例、农民人均纯收入、农业技术市场成交额。

## 2.2.3　农户新技术采用影响因素研究

当前中国的农业发展还处于资源型传统农业向科学型现代农业转变的过程中，在这一过程中存在着农业技术推广与农户的农业技术需求不匹配的情况，从而阻碍了农业科技成果的推广应用（杨丽，2010）。农户作为农业新技术的最终采用者，直接关系到该农业新技术的最终应用效果，所以农业新技术推广应用相关的实证研究受到国内外学者的广泛注意（朱月季等，2014）。学者们主要集中在新技术能否被农户采用和新技术被农户采用的速度两种实证研究上（Solow，1956；Simar et al.，1998；Stokey，2021）。

影响农户新技术采用的因素有很多（郭霞，2008），包括区域文化差异、农户个体特征、成本收益、信息渠道等。在市场经济的环境下，农户更多地会将经济效益作为个人生产决策的核心要素（曹建民等，2005）。在中国，农业新技术扩散与采用过程的参与主体呈多元分散状态，农户的个人素质和信息的传播方式是影响新技术扩散与采用的重要因素。陶佩君（2007）通过实证研究了不同信息传播方式对农业新技术扩散的影响效果，认为有针对性地开展不同水平的农民科技培训，培育积极的用户系统，可有效地提高农业新技术扩展的速度和范围。黄季焜（2000，2008，2009）认为中国的农业生产技术更新主要是原材料（如种子、农药、化肥等）的更新，对象是广大农户，推广体系要能够通过成本低、时间短的方式将农业生产技术推广到最适宜的地区。学习和模仿对农户新技术采用行为有举足轻重的作用，农户在决定是否采用新品种之前，会根据自己的试验或者其他农户的试验来获取新品种收益的相关信息，并且在获取一定数量的相关信息后才会开始决定是否采用新品种（Feder et al.，1984；龙冬平等，2014）。杨志坚（2008）认为，粮食作物生产技术仍是农民最需要的技术，新品种种植技术又是粮食作物生产技术中最重要的技术。农户的信息来源主要集中在少数几个固定的渠道上，其中农户的社会关系网络群体规模对农户的新技术采用行为有非常显著的影响，且农户的本村亲友是对农户新技术采用行为影响最显著和强度最大的社会关系网络群体。在面临农产品市场信息不对称时，农户难以通过农业生产经营的合理决策来适应产业的变化（张森等，2012）。对于农户来说，市场信息不对称越严重，由市场信息不对称带来预期收益的损失越大。农户必须通过增加种植新品种的面积和种类来分散由于信息不对称引起的生产风险。李晨曦等（2018）对吉林省粮食主产区的农户进行入户调研，通过分析发现吉林省农户玉米新品种采用行为受多种因素的影响，其中，玉米种植规模、农户受教育年限、增产效果、农户种植经验、农户对种子熟悉程度、新品种宣传推广力度、农户风险态度等对农户玉米新品种采用行为具有正向影响，而玉米收入占总收入的比例、玉米新品种种子价格与农户玉米新品种的采用呈负相关关系。关于农户新技术采用的研究，多数学者认为受文化水平不高、资本不足、规模限制等方面的限制，农户不愿意承担选择新品种后带来的风险，而给农户的新品种选择带来障碍。农民追求更高的生产收益的需求是促进农业新技术扩散的主要原因。根据农业技术诱导理论，生产要素价格的变动诱导会产生不同类型的品种，这就使得农户会从效益角度考虑，生产收益的变动会显著影响农户新品种的采用行为（Lee et al.，2010；张献国，2015）。总的来说，在中国小规模、分散经营的生产模式下，农户新品种采用的主要影响因素有：最新可种植品种的信息获取能力；对待新品种的风险态度；对新品种所带来收益的预期。

**1. 信息获取能力对农户新技术采用的影响**

有研究认为，中国部分地区农民的信息获取意识虽然强，但是信息资源非常少，信息获取途径比较单一，信息获取能力也比较弱。农民信息获取能力弱的主要原因是信息闭塞（王建，2010）。徐湧泉（2015）通过 Logit 模型进行农户新品种选择行为影响因素分析，结果表明：农户的粮食新品种采用行为受年龄、受教育年限、信息获取能力、耕地面积、接受新品种技术培训情况、参加合作社情况等变量的影响，其中农户的年龄与其粮食的新品种采用有着显著的负向影响，而受教育年限、信息获取能力、耕地面积、接受新品种技术培训情况、参加合作社情况与粮食新品种采用有正向影响。Rahman（2015）对孟加拉国的新品种采用影响研究表明，农户相互间的信息交流是主要的信息渠道，只有 12% 的农户会从农业技术推广部门得到最新的技术信息并采用。Wozniak（1993）利用二元选择模型得出，美国 Iowa 农户新品种的早期接受程度和农户的受教育水平、信息获取能力呈高度正相关，经常获得农业信息的农户新品种采用率要明显高于不经常获得农业信息的农户。

　　Abadi-Ghadim（2015）认为，农户信息获取能力的增强，可以丰富其农业生产经验，降低其在新技术采用过程中的不确定性，进而促进新技术采用行为。王绪龙和周静（2016）认为农户信息获取能力通过认知变化对使用农药行为产生了间接影响，农户的信息获取能力对认知变化具有正向的显著影响，而农户的认知能力对行为转变有直接正向影响，所以农户的信息使用能力对行为转变具有正方向的显著影响。高杨和牛子恒（2019）利用 Logit 模型证明，信息获取能力对农户的绿色防控技术采用行为有着显著的正向影响，而农户通过提升其信息获取能力能够显著降低其对绿色防控技术的厌恶程度，从而促进了农户采用行为。盛洁（2021）发现，移动互联网等信息技术的应用可以显著地正向影响农户新技术采用行为，而且这种影响是通过提升农户市场信息获取能力、降低农户交易成本的路径进行的。肖钰等（2022）发现，信息获取能力对农户稻虾共作技术采用决策和采用程度均有促进作用，同时社会互动可以通过信息获取能力来促进农户采用决策，在社会互动中的人情互惠则通过信息获取能力对农户采用率产生影响。

　　这些研究使我们认识到，信息获取能力的提升对农户新技术采用以及技术快速转化起到了重要促进作用（Kuehne et al.，2017）。但是，在农业新品种推广时，我们不仅要考虑农业技术本身的适应性，还要考虑到其他经济和社会环境等因素对农户新品种采用的影响。

**2. 风险态度对农户新技术采用的影响**

目前的研究认为，农户的风险态度普遍属于风险厌恶型（文长存等，2017；宋雨河，2018），风险态度作为农户自身特征因素，影响着新技术采用行为和经济福利（Cardenas et al.，2013）。农户的非农经历、年龄、收入、种植规模等因素对新技术采用有着明显的影响，除此之外，农户的风险态度对新技术采用的影响更加显著（陈新建和杨重玉，2015）。赵肖柯和周波（2012）通过对样本农户生产性信息诉求动机的实证分析，认为新技术降低生产成本也是农户是否采用的重要影响因素，且农户的风险厌恶程度能够明显降低农户对新技术的采用率。赵佳佳等（2017）的研究证明了苹果种植户总体属于风险厌恶型，当苹果种植户感知到要面临损失时，其风险态度会变得更加激进，风险偏好者更倾向于安全生产行为。Liu和Huang（2013）的研究发现，越是风险厌恶型的农户越容易采用某些新技术（如农药技术、化肥技术等），这是因为这些新技术属于损失控制要素，能够降低农业生产过程中的风险。

Brick和Visser（2015）认为，通过引导农户购买农业保险可以改变农户的风险态度，进而可以促进新技术的采用行为。Wossen等（2015）认为，随着农户收入的增加、社会资本的积累，农户的风险态度会逐渐改变，变得更加愿意采用新的技术。沈月琴等（2016）发现，政府补贴行为可以影响农户的冒险意愿，可以提高农户的风险偏好程度，享受补贴的技术往往更容易推广。

**3. 预期收益对农户新技术采用的影响**

许多学者认为，追求自身收益最大化是农户从事农业生产最重要的目标，如果采用新技术能够使边际收益大于边际成本（净收益为正），那么决策主体会迅速采用新技术，反之则不会（Saha，1994；朱希刚和黄季焜，1994；孔祥智等，2004a）。郭霞（2008）通过对江苏省小麦种植农户的种植行为的研究发现，小农户多样化的生产会引起技术推广需求的多样化，而在所有影响新技术采用的因素中，预期收益是影响农户的最重要因素。刘艳婷等（2020）通过实证发现，预期收益对农户生态耕种采用意愿产生显著影响，高预期收益对农户生态耕种采用意愿具有正向作用，而低预期和中等预期收益对农户生态耕种采用意愿具有负向作用，并且预期收益对农户生态耕种采用意愿的影响存在代际差异。在老一代农户中，预期收益"高"对其生态耕种采用意愿具有正向影响，而预期收益"中等"和"低"对其生态耕种采用意愿具有负向影响；在新生代农户中，预期收益"低"对其生态耕种采用意愿具有负向影响，而预期收益"高"和"中等"对其生态耕种采用意愿具有正向影响。

预期收益通常按照农户期望收益进行测算，降低农户风险预期，也能间接提升农户的预期收益，进而提升农户新技术采用的概率。也就是说，在面对不确定性的风险因素时，农户更愿意根据自身对未来收益的期望做出相应的行为决策，进而影响新技术的采用意愿和程度（王振华等，2017）。王天穷和于冷（2014）通过研究发现，农户会根据粮食预期收益调整其种植行为，在其形成预期收益时会受到市场作用、政策作用和思维惯性的影响。从这些研究可以看出，预期收益会直接影响农户新技术采用行为，而移动互联网的应用可能会通过改变农户市场信息、政策信息的获取方式和形成预期收益惯性思维来改变农户新技术采用行为。

通过上述研究成果可以看出，在目前中国以小农户分散经营的农业生产环境下，农户间的差异比较明显，加上农业本身的特性和农村社会经济环境等因素，农户新技术采用意愿受到以下因素的影响：①不易于获取有关新技术信息；②农民不愿意承担因为采用新技术带来的风险和代价；③缺乏合适的替代品种或技术；④市场发育不良等条件降低农户预期收益而造成的障碍。受这些不利因素的影响，农民对新技术需求不足，从而导致技术进步受阻。

## 2.2.4 总结

综上所述，国外学者在对移动互联网等信息技术对农业生产的影响以及影响农户新技术采用相关因素方面已经做出一定程度的研究，相关的理论成果也表明各类现代信息技术对农业生产具有重大意义和贡献度。同时，国外研究关于移动互联网对农业新品种、新技术推广应用影响的成果并不多，大多集中于研究信息技术对农业生产的影响。中国学术界对农户新技术采用行为的研究相对成熟，形成了一套系统的研究方法，并且对相关的影响因素已经有了透彻而广泛的分析和阐述，包括人力资本、教育、信息传播、政策等。学者们关于农户对新技术采用行为影响的研究为本书提供了实证方法的可借鉴方案。

关于移动互联网应用对农户新品种采用影响的研究并未得到一致结论，但多数研究表明移动互联网应用可以有效加快新品种在农户中的推广与应用，大量理论研究论证移动互联网提升农户全要素生产率的作用路径。中国移动互联网发展现状决定，在农村移动互联网是农民获取农业生产相关信息的最佳途径。虽然学者已经逐步意识到移动互联网技术在农户生产中所发生的重要作用，发现移动互联网技术在中国农村的普及率越来越高。但与农户生产收入研究相比，国内外学者缺少探讨移动互联网应用对农户新品种采用的影响，尤其未细化探讨移动互联网应用对不同类型农户的影响，以及影响因素、影响机理。

最后，有关中国移动互联网应用对农户新品种采用的研究相对缺乏。国内外的研究大多还停留于定性研究阶段，实证研究不足。可借鉴的相关实证文献中所采用的研究指标和变量相对单一，还不足以形成对中国移动互联网应用对农户小麦新品种采用影响的系统性研究。总体来说，目前对移动互联网应用对农户小麦新品种采用的研究主要集中在发展描述分析阶段，很少关注移动互联网应用在加快农户新品种采用过程中所起的作用，也还未系统地研究过移动互联网应用对农户新品种采用的作用机理。本书就这一学术空白进行初步的分析和探索。

# 第3章 ····

# 移动互联网应用影响农户小麦新品种采用的理论分析

本章在多个经济学理论基础之上分析移动互联网应用对农户小麦新品种采用的影响，并为后续的实证分析提供理论支撑。移动互联网应用改变了小麦种植农户的信息资源禀赋，新增长经济理论认为技术进步是推进经济增长的主要动力，而移动互联网应用能够跨越因个人禀赋、社会禀赋等造成的"数字鸿沟"，突破信息渠道和要素禀赋的约束，进而加速创新技术在农户间的扩散与传播。本章主要分为3个部分：①基于信息经济学和S型曲线理论，阐述移动互联网应用对农户小麦新品种采用的作用机制；②基于微观经济学原理，构建小麦新品种扩散的数学理论模型，并从理论上证明移动互联网应用可以促进农户小麦新品种的采用；③基于信息经济学、搜寻理论和农户行为理论，本文在现有研究基础上，对移动互联网应用影响农户小麦新品种采用的机理进行分解，进一步分析移动互联网应用对农户小麦新品种采用的影响路径。

## 3.1 移动互联网应用对农户小麦新品种采用影响的理论机制

农业技术进步推动了农业劳动生产率、农民收入、粮食安全的可持续发展，但是改进的农业技术特别是作物新品种通常难以迅速在农业生产中得到广泛应用。因此，任何对新技术扩散的经济理解都取决于对技术应用的动态和横向模式的理解（Andrea et al.，

2002)。学者们长期以来一直强调信息渠道在新技术传播中的作用（Rogers，1983），信息获取渠道是信息使用者获取信息的重要途径，同时连接信息发布主体与客体。农户是农业技术进步实践的主体，农户对新品种的采用会直接影响农业育种技术的发展趋势。传统的经济学理论认为，新技术替代旧技术的主要原因是采用新技术能够获得更好的收益。本书研究的核心主线源于 S 型曲线理论，该理论认为在小麦新品种推广过程中，新品种采用率总是遵循"缓慢—快速—缓慢"的曲线增长规律。在利润的驱动下，先采用新品种的农户通常先获得更高的产出效益，从而带动其他生产者相继采用效益更高的新品种，进而使得供给曲线向右移动而抵消新品种种植所带来的额外收益。通常，农户在生产过程中如果能够及时地采用新的技术、新的品种就能获得早期使用新技术、新品种的超额效益，但也得面对因早期新技术、新品种生产经验不足可能带来的生产损失。一般认为，在新品种推广过程中，在农户的有限认知局限下，改变种植品种带来的生产损失预期是阻碍新品种推广的关键因素，很多研究者证明了技术风险系数越高、不确定性越多的新品种越难推广（Glenn，2000）。通常，农户采用新品种的动力是充分考虑风险的前提下，生产的边际收益大于边际成本的均衡点。

近年来，经济学家开始探索信息渠道如何影响农民对新技术的学习和吸收。在技术采用模型中引入信息渠道可以考虑一系列潜在的外部因素，这些外部因素对政策制定起着至关重要的作用。通常认为，信息渠道对于农户的新技术采用决策起到导向作用（卢敏和左停，2005）。鉴于不同的信息渠道和相关影响因素的社会多重效应，信息渠道受个人和他们之间信息传播路径的影响，信息、商品或服务通过这些信息渠道进行流动。信息渠道的重要性与信息交换频率可能不同。例如，Granovetter（1973）发现，在技术信息传播过程中，"弱"低频信息链接比"强"高频信息链接更重要，一般而言，不同的信息链接可能具有不同的价值和行为影响。给定的信息渠道可能是单向的，如新技术信息从科研院所到农户手中；也有可能是双向的，双向的信息渠道能够促进科研院所与农户进行更多的互动，这就使得识别和测量信息渠道对农户新技术的采用有着重要影响（Brock et al.，2006）。即使信息渠道能够被很好地识别和测量，从个体行为的相关性去推断群体甚至整个社会信息互动效应也是非常困难的。在一个确定的参照组中，几乎肯定存在个体间的相关属性，每个个体行为和特征不仅影响社会信息网络的形成和结构，还可能同样影响其他成员的行为，不仅可能导致经济结果的改变，还可能导致信息网络结构内生演化的反馈（Jackson，2008）。因此，无论这些信息传递造成的农户行为差异，是否处于一个可共同度量的外部环境（农业生态或经济），行为和结果中的虚假相关性常常导致分析结果放大信息互动效应。

　　小麦新品种种植的主要风险包括：①本身品种存在一定缺陷，如在新品种培育过程中存在着一些技术手段无法解决导致的天然品种缺陷，这也导致种植风险在推广应用时难以得到有效规避，只能通过品种的不断改良来完善种植品种；②由于品种及其种植信息传递的不完善导致一些重要信息的缺失，农户无法全面掌握新品种的信息而导致种植过程中引起的损失。Rogers（1962）描述了农业信息在农户新技术采用行为决策中的接受过程，通常农户需要经过初步认知、产生兴趣、技术评价和试用试验后才会做出是否接受的决策。当农户对小麦新品种的认知达到一定程度，了解到采用新品种比旧品种带来的额外效益与风险后，才会考虑采用新品种。在传统的农业生产模式下，农户受其自身禀赋、信息资源不足等因素的影响，在生产过程中往往处于劣势（雷娜和赵邦宏，2007）。近年来，随着信息技术特别是移动互联网技术的发展，政府通过农村信息基础设施的建设，缩短了农户与整个农业产业链的距离，改变了传统的农业技术推广方式。农户在使用移动互联网的过程中会对不同的小麦新品种有更新、更深入的了解，通过学习和交流可以提高种植技巧、丰富种植经验、提升种植能力，从而可以促进小麦新品种的采用。

对于农业新技术推广、采用行为学的研究可以追溯到 20 世纪 50 年代，许多学者从农户的个人特征、新技术的普适性、农业生产技术进步等多个视角对新技术采用行为进行了理论与实证分析（Griliches，1957；Feder，1984；Lindner et al.，1990）。Popkin（1979）认为，农户属于理性经济人，其农业新技术采用行为的决定因素是采用该技术的预期利润。基于理性行为理论，农户采用新技术要从其是否易用或好用角度出发建立新技术采用模型（Davis，1989）。中国的许多学者从农户心理、农业生产外部因素等多个角度对新技术采用展开研究，并证实了农户的个人特征，如年龄、性别、受教育程度、主观规范、经营规模和生产水平等对技术的选择与采用有较为显著的影响（Kebede，1992；林毅夫，1994；胡瑞法，1998）。在经济学理论中，S 型曲线可以用"学习"与"模仿"进行解释，这种称为"学习中的扩散"假定：在"新"、"旧"技术扩散时，技术接受者通过不断地模仿、学习、发展，推进技术的更新替代。Mansfield（1971）认为，模仿是新技术扩散呈 S 型曲线的主要解释因素，在"新技术"采用初期，通常接受者需要更多的投入，而当技术不断成熟、稳定后，成本会不断下降。

一般认为，农村的信息化建设特别是移动互联网技术的发展可以推进新技术在农户间的传播速率。首先，移动互联网应用使小麦种植农户的农业技术资源网络得到扩展，农户能够更加便利地获得专业的新品种信息和种植技术指导，农户通过移动互联网获取新品种信息的数据量越多、越全面，对新品种高产性、稳定性、实用性的感知越强烈，越容易种植新品种；其次，移动互联网应用使农户克服了小麦新品种种植初期的实施障碍，使农户种植信心增强，因此农户通过移动互联网可接触更多的新品种信息对其采用有正向影响；再次，农户从移动互联网获取新品种相关信息的成本较低，信息能够高效地从源头传播至农户端；最后，农户从移动互联网能够便利地获取到新品种信息，一定程度可提升农户掌握新品种种植技术的速度，减少了农户学习新品种种植技术的时间成本。这些方面的原因会促使农户更加愿意采用新品种。

以下是理论模型证明：

为了更好地研究小麦新品种采用的扩散过程，本章在 S 型曲线理论基础上，利用技术扩散模型（薛伟贤和刘骏，2011）进行描述。在农业新技术推广扩散过程中，新品种的扩散主要分为纵向与横向两个维度。纵向维度主要指新品种通过政府、科研院所等农业技术推广部门对小麦新品种进行推广，纵向的扩散过程具有一定权威性和广泛性。而横向维度主要通过亲朋、邻里、网络用户等采用者（即采用新品种农户）的经验，向未采用者（即未采用新品种农户）进行宣传推广，该扩散推广方式属于农户内部扩散，新品种已采用者通过信息交流来影响未采用者，该种扩散方式更加接近农户种植的实际需求，新品种种植示范性更强，往往更容易被未采用者采用。

基于上述分析，小麦新品种采用的扩散模型假设如下：

假设 1：假设在特定区域内，小麦新品种种植的潜在采用人数上限为 $N$，在 $t$ 时刻有 $y(t)$ 个农户已经采用了新品种，未采用者的人数为 $N-y(t)$。

假设 2：假设整个新品种传播过程的初期是由纵向维度向农户进行扩散传播的，以 $\varepsilon$ 表示纵向扩散系数，且 $\varepsilon > 0$，该系数表示新品种技术在纵向维度到达采用者的瞬时速度。该系数受纵向农技扩散传播因素（如当地经济发展水平、农业技术推广政策、农业技术推广队伍、新品种研发投入等因素）的影响。

假设 3：假设在新品种传播过程中，任意一个已采用者和任意一个未采用者相互独立影响，影响概率以横向扩散系数表示，记为

$\eta$，且 $\eta > 0$。该系数表示农户相互之间新品种的影响程度，$t$ 时刻所有已采用者影响未采用者的概率为 $\eta \cdot y(t)$。

**1. 小麦新品种扩散函数推导**

在 $t$ 至 $t + \Delta t$ 时段内，受纵向维度技术扩散的影响，采用者增加量为

$$\Delta y_{\mathrm{v}}(t) = \varepsilon \cdot [N - y(t) \cdot \Delta t] \qquad (3-1)$$

在 $t$ 至 $t + \Delta t$ 时段内，受横向维度技术扩散的影响，采用者增加量为

$$\Delta y_{\mathrm{h}}(t) = \eta \cdot y(t) \cdot [N - y(t)] \cdot \Delta t \qquad (3-2)$$

则在 $t$ 至 $t + \Delta t$ 时段内，通过纵向与横向两个维度，采用者增加量为

$$\Delta y(t) = \Delta y_{\mathrm{v}}(t) + \Delta y_{\mathrm{h}}(t)$$
$$= [\varepsilon + \eta \cdot y(t)][N - y(t)] \cdot \Delta t$$

可以推导出，

$$\frac{\Delta y(t)}{\Delta t} = [\varepsilon + \eta \cdot y(t)][N - y(t)] \qquad (3-3)$$

当 $\Delta t \to 0$ 时，

$$\lim_{\Delta t \to 0} \frac{\Delta y(t)}{\Delta t} = \frac{\mathrm{d}y}{\mathrm{d}t} = [\varepsilon + \eta \cdot y(t)][N - y(t)]$$
$$(3-4)$$

对微分方程求积分可以得到：

$$y(t) = \int_0^t [\varepsilon + \eta \cdot y(t)][N - y(t)] \mathrm{d}t$$
$$= \frac{C \cdot N \cdot \mathrm{e}^{(\varepsilon + \eta \cdot N)t} - \varepsilon}{\eta + C \cdot \mathrm{e}^{(\varepsilon + \eta \cdot N)t}} \qquad (3-5)$$

式中，$C$ 为积分运算产生的常数项。将 $y(t)$ 的初值记为 $y_0$，即 $y(0) = y_0$。

将 $t = 0$ 代入式（3-5）中，有

$$y(0) = \frac{C \cdot N \cdot e^{(\varepsilon + \eta \cdot N) \cdot 0} - \varepsilon}{\eta + C \cdot e^{(\varepsilon + \eta \cdot N) \cdot 0}}$$

$$= \frac{C \cdot N - \varepsilon}{\eta + C} = y_0$$

进而可以推导出，

$$C = \frac{y_0 \cdot \eta + \varepsilon}{N - y_0} \tag{3-6}$$

将式（3-6）代入原微分方程解的表达式可以得出：

$$y(t) = \frac{\dfrac{y_0 \cdot \eta + \varepsilon}{N - y_0} \cdot N \cdot e^{(\varepsilon + \eta \cdot N) t} - \varepsilon}{\eta + \dfrac{y_0 \cdot \eta + \varepsilon}{N - y_0} \cdot e^{(\varepsilon + \eta \cdot N) t}} \tag{3-7}$$

至此，可以得到 $t$ 时刻采用了小麦新品种农户数量的数学表达式 $y(t)$，而新品种的采用率可以用 $r$（$r \in [0, 1]$）来表示：

$$r(t) = y(t) / N$$

$$= \frac{\dfrac{y_0 \cdot \eta + \varepsilon}{N - y_0} \cdot e^{(\varepsilon + \eta \cdot N) t} - \varepsilon / N}{\eta + \dfrac{y_0 \cdot \eta + \varepsilon}{N - y_0} \cdot e^{(\varepsilon + \eta \cdot N) t}}$$

$$\tag{3-8}$$

通过对采用率对时间求导可以进一步得到采用率的变化速度，

$$r'(t) = \frac{\mathrm{d} r(t)}{\mathrm{d} t}$$

$$= \frac{C \cdot [\eta + C \cdot e^{(\varepsilon + \eta \cdot N) t}] \cdot (\varepsilon + \eta \cdot N) \cdot e^{(\varepsilon + \eta \cdot N) t} - (\varepsilon + \eta \cdot N) \cdot [C \cdot e^{(\varepsilon + \eta \cdot N) t} - \varepsilon / N] \cdot C \cdot e^{(\varepsilon + \eta \cdot N) t}}{[\eta + C \cdot e^{(\varepsilon + \eta \cdot N) t}]^2}$$

$$= \frac{(C/N) \cdot (\varepsilon + \eta \cdot N)^2 \cdot e^{(\varepsilon + \eta \cdot N) t}}{[\eta + C \cdot e^{(\varepsilon + \eta \cdot N) t}]^2} \tag{3-9}$$

式中，$C = \dfrac{y_0 \cdot \eta + \varepsilon}{N - y_0}$。

**2. 采用率函数的凹凸性讨论**

由式（3—8）和式（3—9）可知，采用率的一阶导数 $r'(t) > 0$，即小麦新品种的采用率为增函数，要了解采用率函数的凹凸性需要计算函数的二阶导数 $r''(t)$。

$$r''(t) = \frac{\mathrm{d}^2 r(t)}{\mathrm{d} t^2} \tag{3-10}$$

$$= \frac{(C/N) \cdot (\varepsilon + \eta \cdot N)^2 \cdot e^{(\varepsilon + \eta \cdot N) t}}{[\eta + C \cdot e^{(\varepsilon + \eta \cdot N) t}]^2}$$

$$= \frac{(C/N) \cdot (\varepsilon + \eta \cdot N)^3 \cdot [\eta + C \cdot e^{(\varepsilon + \eta \cdot N) t}] \cdot e^{(\varepsilon + \eta \cdot N) t} - (2 C^2/N)(\varepsilon + \eta \cdot N)^3 \cdot e^{2(\varepsilon + \eta \cdot N) t}}{[\eta + C \cdot e^{(\varepsilon + \eta \cdot N) t}]^3}$$

$$= \frac{(C/N) \cdot (\varepsilon + \eta \cdot N)^3 \cdot \eta \cdot e^{(\varepsilon + \eta \cdot N) t} - (C^2/N) \cdot (\varepsilon + \eta \cdot N)^3 \cdot e^{2(\varepsilon + \eta \cdot N) t}}{[\eta + C \cdot e^{(\varepsilon + \eta \cdot N) t}]^3}$$

假设 $r''(t) = 0$，则有

$$\frac{(C/N) \cdot (\varepsilon + \eta \cdot N)^3 \cdot \eta \cdot e^{(\varepsilon + \eta \cdot N) t} - (C^2/N) \cdot (\varepsilon + \eta \cdot N)^3 \cdot e^{2(\varepsilon + \eta \cdot N) t}}{[\eta + C \cdot e^{(\varepsilon + \eta \cdot N) t}]^3} = 0$$

$$\left(\frac{C}{N}\right) \cdot (\varepsilon + \eta \cdot N)^3 \cdot \eta \cdot e^{(\varepsilon + \eta \cdot N) t} - \left(\frac{C^2}{N}\right) \cdot (\varepsilon + \eta \cdot N)^3 \cdot e^{2(\varepsilon + \eta \cdot N) t} = 0$$

两边化简：

$$\eta = C \cdot e^{(\varepsilon + \eta \cdot N) t}$$

可得

$$t = \frac{\ln \dfrac{C}{\eta}}{\varepsilon + \eta \cdot N}$$

为了确定该点是否是凹函数和凸函数的拐点，需要进一步确认在该点两侧的 $r''(t)$ 是否为异号。设

$$t_i = \frac{\ln \dfrac{C}{\eta}}{\varepsilon + \eta \cdot N}$$

$$r'''(t) = \frac{(C/N) \cdot (\varepsilon + \eta \cdot N)^4 \cdot e^{(\varepsilon + \eta \cdot N) t}}{[\eta + C \cdot e^{(\varepsilon + \eta \cdot N) t}]^4} \cdot [\eta^2 - C \eta^2 e^{(\varepsilon + \eta \cdot N) t}$$
$$- 2C\eta - 2C^2 e^{(\varepsilon + \eta \cdot N) t} + 3C^2 e^{2(\varepsilon + \eta \cdot N) t}]$$

可知在 $t > 0$ 时，

$$r'''(t) < 0 \text{ 且 } r''(0) > 0$$

又知

$$r''(t_i) = 0$$

所以，当 $t < t_i$ 时

$$r''(t) > 0$$

当 $t > t_i$ 时

$$r''(t) < 0$$

通过上述推导可知，$t_i$ 两边的二阶导数 $r''(t)$ 异号。所以，$t_i$ 为采用率函数 $r(t)$ 的拐点，且 $t$ 在区间 $(0, t_i)$ 为凹函数，在 $[t_i, +\infty)$ 区间为凸函数。其形态如图 3-1 所示，即小麦新品种采用率随着时间呈 S 型曲线变化。

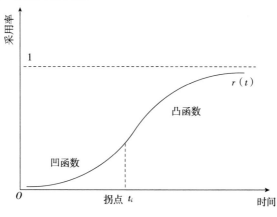

图 3-1　小麦新品种采用率曲线

**3. 移动互联网应用对采用率函数的影响**

移动互联网会通过低成本、高效率的方式增大农户获取政府相关部门推广的小麦新品种信息的概率，同时也会增大农户之间新品种信息传播扩散的概率。所以，移动互联网应用会影响采用率函数的纵向扩散系数 $\varepsilon$ 和横向扩散系数 $\eta$。假设农户使用移动互联网后采用率函数的纵向扩散系数和横向扩散系数为 $\varepsilon^*$ 和 $\eta^*$，且 $\varepsilon^* > \varepsilon$、$\eta^* > \eta$。采用率函数关于纵向扩散系数和横向扩散系数的偏微分为

$$r(t) = \frac{\dfrac{y_0 \cdot \eta + \varepsilon}{N - y_0} \cdot e^{(\varepsilon + \eta \cdot N) t} - \dfrac{\varepsilon}{N}}{\eta + \dfrac{y_0 \cdot \eta + \varepsilon}{N - y_0} \cdot e^{(\varepsilon + \eta \cdot N) t}}$$

$$\frac{\partial r}{\partial \varepsilon} = \frac{H \cdot \left[ \eta(N - y_0) + (y_0 \cdot \eta + \varepsilon) \cdot e^{(\varepsilon + \eta \cdot N) t} \right] - H \cdot \left[ (y_0 \cdot \eta + \varepsilon) \cdot e^{(\varepsilon + \eta \cdot N) t} - \dfrac{N - y_0}{N} \cdot \varepsilon \right]}{\left[ \eta(N - y_0) + (y_0 \cdot \eta + \varepsilon) \cdot e^{(\varepsilon + \eta \cdot N) t} \right]^2}$$

$$= \frac{H \cdot \left[ \eta(N - y_0) \right] + H \cdot \dfrac{N - y_0}{N} \cdot \varepsilon}{\left[ \eta(N - y_0) + (y_0 \cdot \eta + \varepsilon) \cdot e^{(\varepsilon + \eta \cdot N) t} \right]^2}$$

$$(3-11)$$

式中，$H = e^{(\varepsilon + \eta \cdot N) t} + \varepsilon (y_0 \cdot \eta + \varepsilon) e^{(\varepsilon + \eta \cdot N) t}$。

由假设可知，$\eta > 0$，$N - y_0 > 0$，$\varepsilon > 0$，$t > 0$，则可以得到：

$$\frac{\partial r}{\partial \varepsilon} > 0$$

同理，可以证得

$$\frac{\partial r}{\partial \eta} > 0$$

所以，可以推导得出对于任意 $t$ 时刻：

$$r(\varepsilon, \eta, t) < r^*(\varepsilon^*, \eta^*, t) \qquad (3-12)$$

且两个函数拐点：

$$t_i^* < t_i$$

通过上述推导，可以得出：在使用移动互联网后，农户小麦新品种采用率函数出现向左平移特征，相同传播时间的新品种采用率会明显提升（到达相同采用率的时间会被缩短），使用移动互联网前后采用率函数如图 3-2 所示。

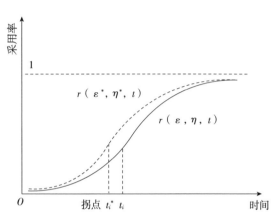

图 3-2　使用移动互联网前后的小麦新品种采用率曲线

基于此，本文提出假说 H1。

H1：移动互联网应用对农户小麦新品种采用有正向影响。

## 3.2　移动互联网应用对农户小麦新品种采用的影响路径分析

在中国，农作物品种属于准公共产品，在新品种推广过程中受到农户的个人禀赋水平、经营规模、信息资源等因素的影响，使得新品种普及更新和技术转换效率不高（宋德军，2013）。在许多农村地区，新品种的推广主要依赖地方农业管理部门"口传面授"方式，这使得推广难度较大。而利用移动互联网作为信息载体定向推送的信息传递方式进行农作物品种推广，使农户在科技导入方面有效对接，往往能更好地提高信息资源配置的效率并产生更好的品种推广效益。本章在借鉴已有成果的基础之上，对移动互联网应用对促进农户小麦新品种采用的机制进行分解，如图 3-3 所示。

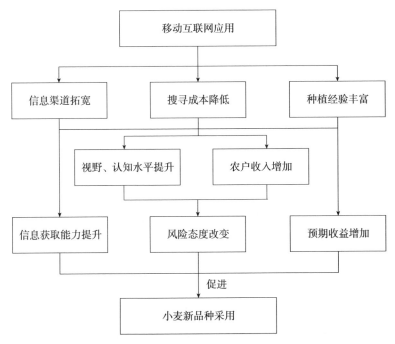

图 3-3 移动互联网应用对农户小麦新品种采用的影响路径

### 3.2.1 对农户小麦新品种信息获取能力的影响

在农业生产中，信息要素是生产投入过程中的重要因素，农业生产品种及其种植技术信息是影响农户新品种采用决策的重要因素，信息渠道的缺乏会导致农户资源的错配、增加采用的风险，不利于农户对新品种的采用。现有研究认为（黄季焜等，2008），农业生产信息的有效流动能够提高农户对新品种种植技术的了解和掌握，从而促进农户的采用意愿。所以，农户新品种及其种植技术的信息获取能力会直接影响到农户种植过程中的生产决策，进而影响农户新品种采用决策（Wozniak，1993；唐立强和周静，2018）。对于小麦种植农户而言，应用移动互联网可以突破传统信息交流过程中人际社交圈的限制，从而使其从移动互联网中直接获取到相关信息。

新品种信息的高效获取是农户小麦新品种采用的基础，可以用信息成本来描述农户在生产过程中获取新品种及其种植技术信息的难易程度。当接收到小麦新品种的信息后，农户会通过其农业生产的经验与理解对新品种的生产收益和种植风险进行评估，当农户认为该小麦新品种种植的综合收益显著高于旧品种时，其更容易接受新品种。同时，若农户认为新品种需要投入更多时间与生产要素去掌握新品种的种植技术，那么农户采用新品种的积极性就不会太高。信息成本一直属于农户生产活动过程中的强约束，农户通常缺乏及时、高效的新品种信息渠道，这就会在农户的生产过程中形成"信息困境"（盛晏，2006），特别是在偏远的农村地区这种现象更加严重。在农业生产过程中的信息成本通常指农业生产者为了获得有价值的农业生产相关信息，以及搜寻合适技术信息所花费的成本。农户在新品种采用过程中信息获取能力高、搜寻成本低，往往就能有效地调整自身的生产种植策略，在生产竞争中获取相对有利地位，从而获取较高的生产收益。但是，通常农户属于信息贫困群体，掌握的信息数量较少且相对滞后，缺乏一定的信息优势和区位优势。移动互联网的发展，实现了农户与科学技术的高效对接，拉近了农户和新技术的距离，改变了传统的农业技术推广模式。对于农户来说，使用移动互联网获取小麦新品种信息极大地降低了信息获取成本，所以，新品种相关信息的低成本、高效率的流动成为农户小麦新品种采用的关键因素。

本章将小麦新品种信息作为生产投入要素纳入生产模型并进行分析，农户小麦新品种采用行为的经济学分析如图3-4所示。

农户在农业生产过程中，受成本预算 B 的约束，图3-4中纵

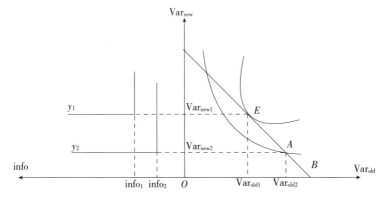

图 3 - 4　农户小麦新品种采用行为的经济学分析

坐标$Var_{new}$为小麦新品种及其种植要素的投入数量，横坐标正方向$Var_{old}$为小麦旧品种及其种植要素的投入数量，横坐标负方向 info 为农户掌握小麦新品种及其种植技术相关信息的数量。对于小麦旧品种，农户种植时间长、经验丰富，产出相对稳定，种植风险较小。对于小麦新品种，农户比较陌生，短时间不容易熟练掌握其种植技术，农户种植时面临一定的种植风险。现有研究认为（林毅夫，2011），小麦新品种及其种植技术的信息要素是依附于传统有形要素的无形要素，这种无形要素和有形要素是互补关系，只有两种要素全部具备时才会促成农户采用小麦新品种并得到相应的产出，即只有当农户在掌握足够的小麦新品种及其种植技术信息后才会考虑种植。

　　根据经济学的基本假设，农业生产者从事农业生产的主要目标是提高生产收益。在图 3 - 4 中，当农户对小麦新品种及其种植技术信息掌握不充分时，假设农户所掌握的小麦新品种及其种植技术相关信息的数量为$info_2$，根据上述分析小麦新品种和新品种信息在生产投入中属于互补要素，所以农户投入小麦新品种的数量最优值为$Var_{new2}$，其对应的产出为 $y_2$。当农户在（$Var_{new1}$，$Var_{new2}$）范围内即使投入更多的新品种数量，也难以获得更高的生产效益。

所以，只有在对小麦新品种及其种植技术信息掌握比较充分的情况下，农户才会倾向于采用新品种，从而正向地影响小麦新品种的采用行为。

所以，生产技术不断更新迭代的最基本动力是生产者不断地追求更高的经济效益。在生产活动过程中，只有不断追求生产技术进步和技术效率提高，才能持续地获得更高的产出，而对技术相关信息的掌握是影响生产过程中新技术采用的重要因素。本章认为移动互联网应用能够突破农户获取小麦新品种的信息约束，提升小麦新品种及其种植技术信息的获取能力。基于此，本章提出假说 H2。

H2：移动互联网应用促进农户掌握小麦新品种及其种植技术信息，提升信息获取能力，从而正向影响小麦新品种的采用。

### 3.2.2 对农户小麦新品种种植风险态度的影响

风险态度是影响农户生产经营决策的重要因素（侯麟科等，2014）。按照 Elwel（2009）对风险态度的研究，风险通常可以被定义为对一个或多个对象产生积极或消极影响的不确定性，它是一种可以根据某种事实或形式进行选择的心理状态、观点或倾向。结合两者，我们可以将风险态度定义成基于对目标产生影响的积极或消极不确定性而选择的一种心理状态，或是对重要的不确定性认知的反应。风险感知是指农户对生产过程中可能存在的负面影响的认知情况（Ullah et al.，2017），而风险态度是农户对待未知不确定性情况的主观认识，按照风险接受程度通常可以分为风险厌恶型、风险中立型和风险偏好型。农户在信息掌握不完全的情况下，当所能感知的新品种种植风险超出自身的承受能力时就会选择拒绝采用新品种（王倩等，2019）。由于新品种的采用往往意味着要进行较高的投资，且需要掌握大量信息与经验，在生产风险较大的情况下，农户会担忧因生产活动带来的经济损失，从而在新品种决策时会变得更加保守。特别是收入较低的农户，其抗风险能力较弱，所以在生产过程中会竭力避免各种风险（丁士军和陈传波，2001）。有研究表明，大多数农户属于风险厌恶型或者风险中立型，因此农户在生产方式、新品种采用方面往往表现出低效的特征（艾利思，2006），但是农户对待风险的态度也会随着一些特性的变化而变化。信息传播技术会给不同的群体带来不平等的机会，进而形成差异化的信息"层级"，最终会导致"信息沟"的出现（Katzman，1974；许竹青等，2013）。

在小麦新品种的采用决策过程中，农户需要面临技术风险、自然风险、市场风险等。技术风险主要是指小麦新品种种植的风险，即在小麦种植过程由于农户对新品种种植技术认知和理解的偏差，会影响到新品种的种植效果。自然风险是指在小麦种植过程中遭受洪水、干旱、低温、病虫害等自然灾害的风险，农户在种植新品种时需要面对各种可能发生的自然灾害。市场风险是指农户对市场信息把握不足，因市场信息不对称带来的生产决策"失误"，最终导致收益受损。对上述风险的感知能力会直接影响到农户对待风险的态度（黄兴等，2011），而农户风险的感知能力受多种因素（如农户个体的性格、知觉行为控制、种植经验等）影响。Olarinde 等（2007）认为，效用函数的曲率可以用来描述农户对新品种种植风险的态度风险感知、风险态度和新品种采用行为的关系，如图 3-5 所示。假设 $w$ 为农户的财富（收入），$U(w)$ 为关于农户收入的效用函数，那么当 $U''(w) < 0$ 时，农户风险态度属于风险厌恶型；当 $U''(w) = 0$ 时，农户属于风险中立型；当 $U''(w) > 0$ 时，农户属于风险偏好型。

受信息不对称和市场非正当竞争的影响，从信息公平的角度来看，农户特别是偏远地区的小农户是风险信息感知的弱势群体。移动互联网应用可以让农户更清晰地掌握风险信息，降低了农户对不确定因素的预期，同时也提高了农户在生产要素购买、产品售出时的市场议价能力，进而有利于打消其对新品种种植的

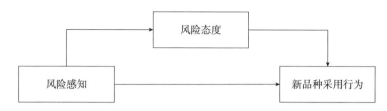

图 3-5　风险感知、风险态度和新品种采用行为的关系

顾虑并促进农户新品种的采用。同时，移动互联网应用能够显著增加农户的总收入（朱秋博，2020）。有研究认为（黄元歌，2017），收入的提高能够改变农户对待风险的态度，当农户收入增加后便有了一定资本去抵抗未知风险带来的损失，所以在种植过程中将愿意尝试采用新品种，哪怕可能会因为潜在风险遭受一定的损失。

小麦新品种通常除了具有更好的投入产出优势外，还会有更好的抗倒伏、防病虫害等性能，所以在遇到一定的倒伏、病虫害风险时，往往新品种的产出效果更好。移动互联网在农村的发展，使小麦新品种的种植、市场等信息更加透明，有助于提升农户种植小麦新品种的风险认知能力，促使农户改变其对小麦新品种种植的风险态度。有研究表明（侯麟科等，2014），农户风险态度对农业新品种推广和采用有较大影响，具有风险偏好型态度的农户比具有风险厌恶型态度的农户更倾向于采用新品种。至此，在本章的分析基础之上，提出假说 H3。

H3：移动互联网应用有利于农户感知小麦新品种种植风险，改变农户对待种植风险的态度，从而促进小麦新品种的采用。

### 3.2.3　对农户小麦新品种种植预期收益的影响

大多数技术应用的经济模型都假设农户对未来农业预期收益进行评估。考虑到对农业生产风险的预期，目前常用的分析工具是预期收益效用模型，尽管存在其他选择，如前景理论和最大化预期效用理论（Bertrand et al.，2004），但是这些理论都会存在一些不足。某些研究在强调利润的时间路径之外还会考虑一些其他因素，如行为一致性、幸福感（Fields，2012），或提出一种基于特征的方法，允许将个人偏好纳入分析特征中（El-Osta et al.，1999）。Arrow（1962）提出的"learning by doing"（干中学）理论认为，技术效率是经济系统的内生变量，人们在从事生产活动的过程中，不断地积累生产经验，进而可以有效地提升生产技术效率，这一理论在农业生产过程中同样有效。在农业生产过程中，生产者生产经验的增加可以表现为累计农业生产投入的持续增加，根据干中学理论，农户的累计产量和投入量的增加会促使单位产出的投入成本被摊薄，从而使农业生产技术效率得到提升。而移动互联网的应用使新品种及种植技术的传播与接受效率提升、成本降低，进而加速了农业生产技术效率的提升。

对于小麦新品种，特别是近年来通过审定部门认定的新品种来说，其本身就存在一定的技术进步，通常具备一定的投入产出优势。根据传统的微观经济学厂商理论，我们可以把农户看作追求利益最大化的理性经济人，农户会根据自身掌握的相关信息对农业生产做出理性的选择，并对生产过程中的各类要素进行优化配置。在农业技术推广过程中，农户通常处于信息传播的弱势群体，信息的缺乏使农户在新品种信息推广过程中处于弱势地位。如果信息搜寻成本较高，则将限制农户新品种及其种植信息的搜寻行为，只能在新品种信息约束的条件下做出新品种采用行为。农户使用移动互联网使其获取小麦新品种相关信息的成本大幅降低，有利于其对资源进行重新分配，从而做出预期效益更高的新品种种植决策。

本章主要基于信息经济学中的搜寻理论建立相应的理论分析，阐述移动互联网应用与农户预期收益之间的关系。该理论分析假设条件如下。

（1）农户基于自身禀赋条件，获取农业新品种及其种植技术相关信息需要支付一定成本，假设农户进行信息搜寻的成本为 $c$。

（2）假设农户效用函数为线性特征。

（3）农户对新品种及其种植技术信息搜寻后的新品种采用决策为 $d_1$，$d_2$，$\cdots$，$d_n$（$d_i$ 为第 $i$ 次新品种采用决策），每次决策之间都是相互独立的。

（4）设 $I_i$ 为农户根据第 $i$ 次决策所确定的种植新品种获得的收益情况。

农户在小麦新品种采用过程中为了获取更高的生产收益，通常会进行一系列的信息搜寻，农户根据 $n$ 次信息搜寻后，做出新品种采用决策后得到的收益为

$$\text{Income}_n = \max_i I_i - n \cdot c \qquad (3-13)$$

农户在小麦新品种及其种植技术信息搜寻时，对其收益会有一定的心理预期，假设该预期收益为 $I_{ant}$。农户在搜寻新品种及其种植技术信息时做出相应的新品种采用决策，得到相应的收益为 $I_i$，如果这个收益大于其预期收益 $I_{ant}$，那么农户会接受该搜寻结果，做出新的决策。但是，如果农户搜寻相关信息后，得到的收益不能达到其预期收益，那么农户将会继续搜寻相关信息。

农户根据其决策能够获得的预期收益为

$$I_{ant} = E[\max(I_{ant}, I_i)] - n \cdot c \qquad (3-14)$$

式中，当 $I_i \geqslant I_{ant}$ 时，$E[\max(I_{ant}, I_i)] = E[I_i]$；当 $I_i < I_{ant}$ 时，$E[\max(I_{ant}, I_i)] = I_{ant}$。

根据连续型随机变量概率分布函数的期望公式，式（3-14）中

$$E[\max(I_{ant}, I_i)] = I_{ant} \cdot \int_0^{I_{ant}} \mathrm{d}F(i) + \int_{I_{ant}}^{+\infty} i \, \mathrm{d}F(i)$$

$$= I_{ant} + \int_{I_{ant}}^{+\infty} (i - I_{ant}) \, \mathrm{d}F(i) \qquad (3-15)$$

式中，$F(i)$ 为 $I_i$ 的概率分布函数，令 $C = n \cdot c$，由式（3-15）

可得

$$C = E\left[\max(I_{ant}, I_i)\right] - I_{ant}$$

$$= \int_{I_{ant}}^{+\infty} (i - I_{ant})\,dF(i)$$

根据上述推导，可以将信息搜寻成本写成关于预期收益的函数：

$$C = G(I_{ant}) \qquad (3-16)$$

根据函数特征可以看出，函数 $G$ 在 $(0, +\infty)$ 范围内为递减凹函数，可以描述为

$$
\begin{cases}
\lim\limits_{I_{ant} \to 0} G(I_{ant}) = E(I_i) > 0 \\[2mm]
\lim\limits_{I_{ant} \to +\infty} G(I_{ant}) = 0 \\[2mm]
\dfrac{dG(I_{ant})}{d I_{ant}} = F(I_{ant}) - 1 < 0 \\[2mm]
\dfrac{d^2 G(I_{ant})}{d(I_{ant})^2} = \dfrac{dF(I_{ant})}{d I_{ant}} > 0
\end{cases}
\qquad (3-17)
$$

由 $\dfrac{dG(I_{ant})}{d I_{ant}} < 0$ 可知，信息搜寻成本与农户预期收益成反比，即当信息搜寻成本下降时农户的预期收益会增加。根据式（3-17）的理论推导，可以绘制农户预期收益和新品种及其种植技术的信息搜寻成本关系，如图 3-6 所示。

农户信息渠道的差异造成了新品种信息需求和认知的差异，农户个人特征的差异造成了新品种采用意愿的差异。所以，农户新品种的采用行为受

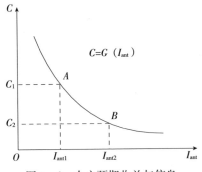

图 3-6 农户预期收益与信息
搜寻成本关系曲线

多种因素的影响，通常在采用前需经过多方比对，并由其禀赋特征和风险态度形成其新品种的预期收益。在现有的生产要素投入和技术应用成本的约束下，新品种种植能够给农户带来更高的收入，就会形成农户对新品种的采用行为。农户在生产决策时，会通过周围其他农户或者推广信息，形成新品种种植的概念认知和种植新品种的预期成本与收益，农户最终是否采用新品种会根据上述因素进行综合判断。所以，移动互联网应用能够降低农户在新品种及其种植技术相关信息所支付的信息搜寻成本，增加农户种植新品种所带来的预期收益，从而加快其对新品种的采用速度。至此，在本章的分析基础之上，提出假说 H4。

H4：移动互联网应用能够丰富农户的种植经验，降低农户对新品种相关信息的搜寻成本，从而通过提升种植预期收益来促进新品种的采用。

## 3.3 本章小结

根据上述理论可知，移动互联网应用可以促进农户小麦新品种的采用，并可以通过信息获取能力、风险态度和预期收益 3 条路径来影响农户小麦新品种采用行为。农户是追求利润最大化的理性经济人，能够根据自身禀赋并利用其掌握的各类信息做出有利于自身收益的最优选择。但是根据实地调查，农户往往处于信息资源的弱势地位，尤其是中小农户更为严重。在传统的农业生产信息渠道下，农户受其自身禀赋、信息资源不足等因素的影响，新品种采用速度会受阻。由于信息资源的不足，农户在生产资料市场、劳动力市场、农产品市场中处于劣势地位，经常沦为市场的被动接受者。如果信息资源获取成本较高时，种植规模较大的农户因其信息摊薄成本较低，其信息搜寻行为限制有限，而对于中小农户来说信息搜寻行为将极大受限，这样农户就只能在有限的信息条件下做出生产决策。在这种环境下，农户更愿意采用旧的小麦品种，以降低其未知的生产风险。

而当信息资源成本大幅下降，农户可以获得足够的信息资源时，农户为获取更高的生产收益，会调整资源配置、改变生产行为，进而推进农业技术进步。

信息传播是农业新技术推广过程中的重要环节之一，在传统的农技推广模式下，农户受自身禀赋、信息获取渠道少、信息成本高等多种因素的影响，往往通过审定的最新品种相关信息难以有效地被传送到农户手中。但是，随着移动互联网与智能手机的普及，在农业技术推广过程中移动互联网拉近了新品种与农户的距离，改变了传统的信息获取模式，提升了农户信息获取能力，激发了农户对其生产端提高农业生产率的新思考；提升农户风险感知能力从而增强其对新品种种植的信心；丰富农户种植经验，降低农户新品种相关信息的搜寻成本，提高其对新品种种植的预期收益。移动互联网作为当前高效信息传播的最佳载体，可以扫除农户小麦新品种采用路径中的障碍，促进广大农户积极采用新品种。

所以，移动互联网应用有利于农户提升信息获取能力、改变新品种种植风险态度、提升种植预期收益，从而促进小麦新品种在农户间的推广采用。

# 第4章 •••
# 移动互联网应用与农户小麦新品种采用现状

## 4.1 移动互联网应用现状

### 4.1.1 农村移动互联网发展历程

中国农村居民人口基数庞大，在城乡互联网发展差距越来越大的背景下，如何保障农村居民能够享受移动互联网发展带来的生活便利、如何利用互联网发展帮助农村居民增收、如何让互联网发展助力乡村振兴等一系列问题成为政府部门关心的重点。当前由于我国农村区域广、农村居民不集中、农民受教育水平不高等原因，商业机构在农村开发互联网的意愿不高。因此，各级政府及相关部门纷纷采取一定的手段，制定相关政策支持互联网向农村发展，为农村移动互联网发展奠定了坚实的基础。2015年，国务院发布的《国务院关于积极推进"互联网＋"行动的指导意见》中明确指出："利用互联网提升农业生产、经营、管理和服务水平。"而在2016年，农业部等部门印发的《"互联网＋"现代农业三年行动实施方案》中明确提出大力发展"互联网＋"新型农业经营主体、"互联网＋"现代种植业、"互联网＋"基础设施等11项主要任务（孙洁，2013）。2017年，农业部印发的《关于加快推进"互联网＋农业政务服务"工作方案》提出，推进"互联网＋政务服务"是转变政府职能、转变工作方式、提高治理能力的迫切要求，是政务服务应对网络时代挑战的必然选择，是解决群众办事难、激发主体活力、增添发展新动能的重要举措。2021年，《中共中央　国务院关于全面推进乡村振兴　加快农业农村现代化的意见》指出："实施数字乡村建设发展工程。推动农村千兆光网、第五代移动通信（5G）、移动物联网与城市同步规划建设。"一系列政策的支持，推动了农村互联网基础设施建设，奠定了移动互联网在农村发展的基础。

随着移动网络通信技术的发展，我国移动互联网也逐步发展起来，而移动互联网作为移动通信与互联网结合的产物，发展也非一帆风顺。在发展前期，智能手机和上网费用价格昂贵，适用人群仍然停留在高收入群体，并未向农村普通收入群体发展。智能手机的普及，尤其是大规模的千元机量产，极大地推动了移动互联网的快速发展，也是在这一阶段，移动互联网逐步开始进入农村（代云韬和邻嫒嫒，2017）。随着4G网络的出现，手机上网速度得到了质的提升，为移动互联网的全面发展提供了良好的条件，各行各业开始利用移动互联网开展业务。随着互联网应用领域不断增多，移动互联网也大规模进入农村。得益于网络扶贫行动向纵深发展取得实质性进展，边远贫困地区非网民加速向网民转化。在网络覆盖方面，贫困地区通信"最后一公里"被打通（岳琳，2014）。移动互联网的兴起是互联网在农村发展的加速转折点，如果说互联网的发展改变了大多数人的通信方式甚至是生活方式，那么移动互联网的出现，是将这种更快、更好的技术带到了农村，使众多农村居民也享受到互联网发展带来的红利（庄家煜等，2021）。中国互联网络信息中心对我国网民上网方式的统计数据显示，截至2015年底使用手机上网的网民比例为90.1%，而到2020年使用手机上网的网民比例高达99.7%，4年时间手机上网比例增长了9.6个百分点。现在我国移动互联网已经进入全民时代，互联网的发展也已经从传统PC时代跨越到了移动互联网时代

（陈建功等，2014）。具体政策梳理详见附录1。

### 4.1.2　农村移动互联网发展现状

#### 1. 农村移动互联网不断普及，城乡差距不断缩小

随着计算机通信技术的不断发展，4G 网络逐渐实现全覆盖；同时，随着智能手机价格不断降低，移动互联网在农村发展迅速，农村网民的数量与日俱增（孙洁，2013）。移动互联网的出现与兴起极大地促进了农村生产与生活方式的变革，也促使城乡差距不断缩小（曾玉荣等，2018）。2014 年底，我国农村网民数量为 1.78 亿；2018 年底，我国农村网民数量达到 2.22 亿。截至 2020 年我国农村网民数量达到 2.55 亿，占整体网民的 28.2%，较 2018 年年底增长 0.33 亿，较 2014 年底增长 0.77 亿。在互联网普及率方面，我国城镇地区普及率为 76.5%，农村地区普及率达到 46.2%，与 2018 年相比，农村地区、城镇地区互联网普及率差异减小 5.3 个百分点（图 4-1）。网民数量的不断增长体现了移动互联网在农村发展的进程之快（汪亚楠和王海成，2021）。

图 4-1　分地区互联网普及率

截至 2020 年，我国非网民规模为 4.96 亿，其中城镇地区非网民占比为 40.2%，农村地区非网民占比为 59.8%，农村移动互联

网的发展空间更大，未来农村移动互联网的发展将会是我国移动互联网发展的潜力所在（代云韬和邬媛媛，2017）。同时，移动互联网的发展缩小了城乡居民消费水平的差距。在电子商务发展之前，受地域差距的影响，农村居民消费可选择性相对较少；在移动互联网背景下，农村居民通过手机就可以和城镇居民有一样的选择权，也有机会消费更多的产品。在城乡移动互联网差距逐渐缩小的同时，城乡居民消费水平、生活水平差距也在同步缩小（史德林，2016）。

**2. 移动互联网应用领域不断增多**

（1）电子通信领域。随着互联网的发展，移动通信与互联网的结合带给移动通信更大的发展活力。中国互联网络信息中心调查数据显示，促进非网民上网的首要原因是加强与亲戚朋友的沟通联系。随着即时通信APP、短视频APP及视频技术的兴起，全世界的人们都可以进行即时通信及信息分享（陈致豫等，2007）。智能手机的普及、友好的操作界面让更多的农村居民，甚至是受知识水平限制的居民也能通过移动设备利用互联网进行通信（王庆福和王宇航，2017）。

（2）电子商务领域。商务部发布的《中国电子商务报告2020》的数据显示，2020年全国农村电子商务零售额达到1.79万亿元，占全国网络零售总额的15.4%，同比增长8.9%。农村电子商务领域也一直是政府关注的重点领域之一。近年来，一系列政策不断出炉。2019年8月，国务院办公厅印发的《关于加快发展流通促进商业消费的意见》提出，要加快发展农村流通体系，扩大电子商务进农村覆盖面，提高农村电子商务发展水平。一系列政策的发布，给农村电子商务发展带来了机遇。阿里研究院公布的数据显示，截至2020年6月，全国淘宝村（淘宝村是指经营场所在农村，以行政村为单元，年销售额达到1 000万元，且网点数量达到100家或家庭户数的10%）数量为5 425个，比2019年6月增长1 115个。

农业农村部信息中心发布的《2020 全国县域数字农业农村电子商务发展报告》显示，2019 年我国县域电商零售额达到 30 961.6 亿元，占全国电商零售额的 29.12%，其中农产品电商零售额为 2 693.1亿元。

（3）电子政务领域。近年来，我国"互联网＋政务服务"不断推进，全面优化网上服务系统，越来越多的行政部门实现了网上预约功能，甚至一部分业务可以在网上办理。与以往面对面政务办理方式不同，在新型电子政务系统下，农村居民去政府部门办事只需要提前预约，按照系统提示提前准备好所需要的资料，然后按照预约时间进行办理就能解决自己的问题（王少剑，2014）。电子政务的发展能够做到让农民小事不出户、大事跑一趟，大大提升了人民群众办事效率，同时降低了农村居民办事的难度。2020 年受新型冠状病毒感染疫情影响，法院业务受到冲击，面对不断延期的案件，全国各级法院也开展了网上开庭业务，有效地减少了人民的流动，为人民带来正义的同时也为人民带来了便捷。

（4）电子支付领域。艾媒咨询发布的《2020 上半年中国移动支付行业研究报告》显示，移动支付用户规模近五年来一直处于增长趋势，2019 年中国移动支付用户数量达到 7.33 亿。电子支付场景也不断多样化，主要集中在餐饮、便利店、电商、生活缴费等行业。电子支付对农村居民的影响同样巨大，电子支付的出现可谓是颠覆了传统支付的理念，非现金支付工具在农村的使用率不断提高（陈启实，2019）。目前，在我国农村，无论是大超市、小卖部还是街边小摊小贩，都有收款二维码。随着移动支付技术的不断提升，安全保障技术不断提升，未来移动支付用户规模将会进一步扩大（庄家煜等，2021）。

（5）"互联网＋共享经济"。"移动互联网＋手机支付"背景下，共享单车、共享电动车、共享汽车、共享充电宝等共享经济不断兴起，在城市得到普遍应用，已经成为城市居民生活中必不可少的一部分。目前，共享经济在农村的发展还不成熟，正处在试点运行的状态。例如，"共享农机具""共享农庄"等，考虑到农业生产的周期性、农机作业的间断性，为减少农机具闲置浪费，把闲置的农机具放到共享平台能够提高其利用效率（尚昕和周强，2020）。目前，有些地区进行了"共享农机具"试点运行，把农机具挂在共享平台的农户可以获得一部分收益，租借农机具的农户可以省下买农机具的费用，"共享农机具"给双方都带来了利益。

（6）"互联网＋娱乐"。娱乐产业与移动互联网产业的融合使人们的生活更加丰富多彩，网络电视、电子手游、短视频、直播平台等一系列娱乐平台现在已经到了经常性更新的状态。移动互联网让娱乐产业更亲民，更容易让农村居民可操作和参与。移动互联网让随时随地娱乐成为现实，在线KTV、在线棋牌室等娱乐项目的兴起，可以让农村居民利用工作空余的时间享受娱乐。通过使用互联网提供的各项娱乐平台，如通过各类短视频平台，广大农民可以充分展示自身才艺，而且仅需要很低的成本就能参与。

### 4.1.3　农村移动互联网发展问题

移动互联网以非常快的速度走进了农村，走进了农民的生活，给我国农村的发展带来了翻天覆地的变化。但是移动互联网在农村的发展仍存在一些问题。

**1. 农村地区之间移动互联网发展不平衡**

近年来，在一系列政策的支持下，农村移动互联网发展迅速，但是不同地区之间发展不平衡的问题逐渐突出。受地区先天资源禀赋、基础设施建设等外部因素的影响，地区之间移动互联网发展不平衡。社会经济的发展带动了移动互联网的发展，东部沿海较发达的农村地区基础设施建设、农村居民收入水平比较领先，移动互联网发展水平远高于不发达边远山区。工业和信息化部发布的《2020 年通信业统计公报》显示：2019 年东部地区、中部地区、西部地区、东北地区的电信业务收入份额占比分别为 51.0％、19.6％、23.8％、5.6％，有明显的差距。但是，全面小康路上一个不能少，互联网发展的路上也不能放弃每一个区域（余星璐，2020）。

**2. 基础设施建设有待加强**

我国目前城乡互联网发展存在鸿沟，农村互联网基础设施有待加强。我国大部分农村地区是不发达地区，一些偏远和边疆地区移动基站覆盖率低，4G 网络覆盖率要明显低于城市地区，家庭宽带入户率也较低。不少偏远及边疆地区农村居民使用智能手机上网的信号强度差，基础的通信功能仍不能保障，无线网络设备不完善。目前，城市基本上已经实现无线全覆盖，甚至大部分地区如商场、图书馆、景区等一些公共场所已基本实现免费无线局域网的覆盖，但是农村地区缺乏免费无线网络设备，造成了农村居民手机上网的不方便（丁艳，2020）。

**3. 数据流量费用较高**

农村无线网络设备不完善造成农村居民在家庭以外的场所上网时需要使用数据流量，但数据流量费用相对较高，虽然网络服务商逐渐推出一些流量不限量套餐，但是对收入水平较低的农村居民而言，网络费仍是不小的开销。2018 年，李克强总理在政府工作报告中提出，加大网络提速降费力度，扩大公共场所免费上网范围。自李克强总理提出此政府工作建议以来，网络费用有所下降，但对部分贫困地区农民来讲仍有一定的压力。当前对农村移动互联网发展而言，进一步的提速降费及加大无线网络的建设是非常必要的。

**4. 缺乏实践应用型的互联网培训**

当前已经有部分农民对农产品电子商务产生兴趣，也拥有质量好的农产品，但是受自身实践操作能力的限制，又缺少专业企业的带动，从而未开展农产品电商业务。目前，许多县域政府积极组织互联网技术培训，但培训的覆盖率和有效性仍有待提高。一方面，农村居民文化知识水平较低，不易接受互联网技术；另一方面，培训内容重理论、轻实践，有些脱离农村生产生活实际。例如，大多数培训仅以课程教授为主，教育培训与实际操作之间有一定的差距，理论并不能很好地运用到实际操作之中，另外培训老师一般多为理论学习者，实际一线操作人员较少，对农村电子商务缺乏真正深入的了解。农民更需要的是有针对性的技术培训，即根据农民生活需要和实际工作需求设计真正有利于农村居民发展的技术培训。

## 4.2 小麦新品种种植现状

小麦是重要的粮食作物，也是中国贸易量较大的谷物品种。近年来，中国小麦产量稳步提升，生产量和消费量稳居世界第一位。所以，小麦新品种的发展是国家农业战略性核心方向之一，直接影响到国家农业发展和粮食安全。中国政府高度重视种业的发展。2000 年，《中华人民共和国种子法》明确了小麦新品种的区域试验审定制度，并规定了未经审定的品种不能进行推广使用。2011 年，国务院颁布的《加快推进现代农作物种业发展的意见》将种子企业纳入种业发展的创新主体并建立相应的审定绿色通道。小麦新品种的审定主要集中在鉴定小麦抗性、丰产性、稳产性、品质等方面。本章将从全国和河南两个地理维度，结合宏观和微观调研数据阐述小麦新品种的种植情况。

### 4.2.1 全国小麦新品种种植现状

2015—2019 年，中国小麦种植面积稳中略降，小麦播种面积占全国前五的省份一直保持未变。2015—2019 年全国及主要省份

（不含港澳台）小麦播种面积见表4-1。2015年，全国小麦播种面积2 466.578万公顷，2019年小麦播种面积较2015年下降128.579万公顷。全国小麦播种面积前五的省份主要位于我国的中东部，分别是河南、山东、安徽、江苏、河北，且这5个省份小麦种植面积占全国小麦种植面积的绝大部分，2019年全国小麦播种面积前五省份的小麦播种面积占全国小麦播种面积的72.5%。目前，中国种植的小麦94%以上属于冬小麦，春小麦只在内蒙古、新疆、甘肃等北方省份有少量种植①。

表4-1　2015—2019年全国及主要省份（不含港澳台）
小麦播种面积（万公顷）

| 地区 | 2015 年 | 2016 年 | 2017 年 | 2018 年 | 2019 年 |
|---|---|---|---|---|---|
| 全国 | 2 466.578 | 2 447.815 | 2 426.619 | 2 372.768 | 2 337.999 |
| 北京 | 1.589 | 1.127 | 0.979 | 0.804 | 0.839 |
| 天津 | 10.729 | 10.877 | 11.084 | 10.112 | 10.396 |
| 河北 | 238.975 | 237.336 | 235.719 | 232.25 | 221.692 |
| 山西 | 56.4 | 56.053 | 56.027 | 54.68 | 53.588 |
| 内蒙古 | 65.879 | 67.394 | 59.673 | 53.8 | 47.896 |
| 辽宁 | 0.29 | 0.357 | 0.239 | 0.239 | 0.308 |
| 吉林 | 0.041 | 0.242 | 0.12 | 0.294 | 0.476 |
| 黑龙江 | 7.858 | 10.179 | 10.941 | 5.596 | 4.874 |
| 上海 | 3.564 | 2.101 | 2.134 | 0.999 | 0.751 |
| 江苏 | 243.681 | 241.275 | 240.396 | 234.693 | 233.889 |
| 浙江 | 8.532 | 10.367 | 8.536 | 8.266 | 9.336 |
| 安徽 | 288.759 | 282.279 | 287.586 | 283.56 | 282.52 |

---

①　数据来源：国家统计局在线数据库。

（续）

| 地区 | 2015 年 | 2016 年 | 2017 年 | 2018 年 | 2019 年 |
|------|---------|---------|---------|---------|---------|
| 福建 | 0.021 | 0.02 | 0.019 | 0.011 | 0.008 |
| 江西 | 1.439 | 1.451 | 1.462 | 1.44 | 1.44 |
| 山东 | 406.8 | 408.387 | 405.859 | 400.175 | 393.443 |
| 河南 | 570.491 | 571.464 | 573.985 | 570.665 | 567.367 |
| 湖北 | 114.067 | 115.322 | 110.496 | 101.774 | 103.138 |
| 湖南 | 2.279 | 2.834 | 2.335 | 2.237 | 2.325 |
| 广东 | 0.09 | 0.046 | 0.042 | 0.042 | 0.038 |
| 广西 | 0.32 | 0.308 | 0.3 | 0.303 | 0.386 |
| 海南 | — | — | — | — | — |
| 重庆 | 3.434 | 3.013 | 2.479 | 2.103 | 1.852 |
| 四川 | 68.4 | 65.267 | 63.5 | 61.114 | 59.682 |
| 贵州 | 16.919 | 15.597 | 14.162 | 13.722 | 13.805 |
| 云南 | 34.424 | 34.368 | 33.92 | 32.89 | 32.0 |
| 西藏 | 4.261 | 3.935 | 3.173 | 3.235 | 2.986 |
| 陕西 | 98.078 | 96.315 | 96.731 | 96.593 | 96.419 |
| 甘肃 | 77.469 | 76.647 | 77.556 | 73.994 | 70.872 |
| 青海 | 8.469 | 8.258 | 11.16 | 10.241 | 9.479 |
| 宁夏 | 11.733 | 12.313 | 12.859 | 10.777 | 9.292 |
| 新疆 | 121.587 | 112.683 | 103.147 | 106.159 | 106.902 |

　　中国具有丰富的小麦种质资源，而优良的小麦品种是产业技术进步的基础（赵广才等，2012）。科技兴农已成为农业现代化发展的共识，种子先行则成为农业科技发展的必由之路。农业农村部在中国农业科学院作物科学研究所建立了国家小麦改良中心，并陆续在银川、杨凌、泰安、郑州、扬州等多地建立了国家小麦改良分中心，为中国小麦新品种迭代升级提供了科研平台。近年来，随着基

因技术的快速发展，小麦新品种的研发速度明显加快。2000年以后，中国小麦新品种推广主要分为3个阶段（蒋赟等，2021）：第一阶段（2001—2007年），小麦新品种主要集中在具有抗倒伏、抗病虫优势特性的中强筋小麦品种，如豫麦18、豫麦49、郑麦9023、济麦19等；第二阶段（2008—2015年），小麦新品种主要注重单位面积产量，如西农979、郑麦9023、百农AK58、济麦22等；第三阶段（2015年以后），小麦新品种的单位面积产量较前两个阶段有较大提升，且更加注重小麦的品质，如百农4199、百农207、郑麦7698、鲁原502等。

中国是世界次生小麦重要的起源地，小麦类型、变种繁多，居世界第三位（何中虎等，2011）。近年来，我国培育出了近千种优良小麦品种，目前中国小麦品种已经经历了5代的更新。在地方上，小麦品种遗传多样性最丰富的地区是西南冬麦区和黄淮海冬麦区，不同小麦单株的抗性与品质呈现等位基因多样的特点。2016—2020年，中国共审定国家级小麦品种302个，其中，丰产和稳产型品种141个，抗（耐）赤霉病品种60个，高品质型品种40个，节水型品种4个。

中国有广阔的小麦种植区，主要包括东北春麦区、新疆春冬麦区、西北春麦区、黄淮冬麦区、长江中下游冬麦区、西南冬麦区。

根据区域土壤墒情和气候等条件不同，中国不同小麦种植区在小麦品种选择上侧重点不同。黄淮冬麦区主要包括河南、山东、河北、苏北、皖北、陕西等地区，主要以高产抗逆品种为主导、优质专用品种为重点；长江中下游冬麦区包括四川、重庆、湖北、河南南部和安徽、江苏的沿江地区，主要种植抗倒伏、抗病虫害、抗穗发芽的高产弱筋或中筋的小麦品种；西南冬麦区包括云南、贵州、四川、重庆地区，主要以抗病（条锈病、白粉病等）、耐肥、抗倒伏、产量潜力高的广适品种为主；西北春麦区受干旱、低温的环境影响，主要种植越冬安全、抗倒伏、抗病虫害、节水性能好的小麦品种。

国家发展和改革委员会编制的《全国农产品成本收益资料汇编》数据显示，中国小麦种植净利润一直较低甚至为负数。中国每亩小麦成本收益资料如表4-2所示。小麦种植总成本基本保持稳定，但因为受自然灾害影响，主产品产量呈现一定的波动特征。中国小麦种植主要以小农户种植为主，所以导致人工成本较高，均维持在350元以上，占总成本的30%以上。小麦生产总成本由生产成本和土地成本构成，绝大部分由生产成本产生，土地成本约占总成本20%；生产成本主要由物质与服务费用和人工成本构成，人工成本占生产成本的43%以上。

表4-2 中国每亩小麦成本收益资料

| 指标 | 2015年 | 2016年 | 2017年 | 2018年 |
|---|---|---|---|---|
| 主产品产量/千克 | 420.79 | 406.34 | 423.54 | 368.99 |
| 产值合计/元 | 1 001.71 | 930.36 | 1 013.74 | 853.53 |
| 主产品产值/元 | 979.83 | 907.21 | 987.62 | 827.85 |
| 副产品产值/元 | 21.88 | 23.15 | 26.12 | 25.68 |
| 总成本/元 | 984.30 | 1 012.51 | 1 007.64 | 1 012.94 |
| 生产成本/元 | 784.62 | 805.59 | 800.52 | 801.01 |
| 物质与服务费用/元 | 420.23 | 434.60 | 438.65 | 450.25 |
| 人工成本/元 | 364.39 | 370.99 | 361.87 | 350.76 |
| 家庭用工折价/元 | 352.40 | 358.81 | 348.02 | 337.01 |
| 雇工费用/元 | 11.99 | 12.18 | 13.85 | 13.75 |
| 土地成本/元 | 199.68 | 206.92 | 207.12 | 211.93 |
| 流转地租金/元 | 26.60 | 27.97 | 29.22 | 30.74 |
| 自营地折租/元 | 173.08 | 178.95 | 177.90 | 181.19 |
| 净利润/元 | 17.41 | −82.15 | 6.10 | −159.41 |

（续）

| 指标 | 2015 年 | 2016 年 | 2017 年 | 2018 年 |
|---|---|---|---|---|
| 现金成本/元 | 458.82 | 474.75 | 481.72 | 494.74 |
| 现金收益/元 | 542.89 | 455.61 | 532.02 | 358.79 |
| 成本利润率/% | 1.77 | −8.11 | 0.61 | −15.74 |

### 4.2.2　河南小麦新品种种植现状

　　河南省作为小麦种植适宜区，小麦播种面积、生产量均为全国最高，河南省播种面积占全国播种面积的20％以上。河南省小麦播种面积超过 1 000 万亩 * 的地级市主要集中在豫南地区，分别是周口、驻马店、南阳，这 3 个市小麦播种面积占河南省小麦播种面积的 35％以上；小麦播种面积在 500 万亩以上的有商丘、新乡；小麦播种面积在 300 万亩以上的有信阳、开封、洛阳、濮阳、许昌，这 5 个市小麦播种总面积约占河南省小麦播种面积的 80％。

　　农户作为小麦种植的基本单位，对小麦的生产起到了十分重要的作用。根据已有研究结果，河南小麦种植主要以小农户为主，户均种植面积不大，并且较多农户的耕地被分为 2 或 3 块，这种小规模分散种植的生产模式在河南小麦种植中占据主导地位。小规模分散种植难以采用统一调配、大型机械化统一作业方式，导致生产成本偏高，从而使河南省小麦整体收益较低。同时，大多数农户仍然希望通过提高小麦的产量来获得更高的收益。近年来，随着政府对优质小麦发展工作的重视，农户种植优质小麦的意识逐渐增强，但是由于技术推广滞后等原因新品种种植率并不太高。

　　根据笔者实地调研与对河南省农业科学院访谈情况，河南省不

---

　　* 亩为非法定计量单位，1 亩＝1/15 公顷。——编者注

同的生态区生产条件、小麦生育期间气候特点和生物及非生物灾害发生特点，不同地区在小麦品种选择上有不同的侧重点。从调研数据看，2020 年河南省小麦新品种采用率不足 50%，农业技术推广工作仍然艰巨。河南省小麦种植品种情况见表 4 - 3。

表 4 - 3　河南省小麦种植品种情况

| 品种 | 审定年份 | 审定编号 | 选育单位 |
| --- | --- | --- | --- |
| 郑麦 113 | 2019 | 国审麦 20190059 | 河南省农业科学院小麦研究所 |
| 郑麦 925 | 2019 | 豫审麦 20190020 | 河南省农业科学院小麦研究所 |
| 郑麦 136 | 2019 | 国审麦 20190026 | 河南省农业科学院小麦研究所 |
| 郑麦 22 | 2019 | 豫审麦 20190014 | 河南省农业科学院小麦研究所 |
| 郑麦 618 | 2018 | 国审麦 20180027 | 河南省农业科学院小麦研究所 |
| 豫农 186 | 2017 | 豫审麦 2017002 | 河南农业大学 |
| 百农 4199 | 2017 | 豫审麦 2017003 | 河南科技学院、河南大学 |
| 天民 184 | 2017 | 豫审麦 2017017 | 河南天民种业有限公司 |
| 百农 201 | 2017 | 豫审麦 2017019 | 河南科技学院 |
| 春丰 0017 | 2016 | 豫审麦 2016001 | 张三坤 |
| 百农 418 | 2015 | 豫审麦 2015014 | 河南科技学院 |
| 百农 207 | 2013 | 国审麦 2013010 | 河南百农种业有限公司等 |
| 天民 198 | 2014 | 国审麦 2014009 | 河南天民种业有限公司 |
| 郑麦 119 | 2014 | 豫审麦 2014030 | 河南省农业科学院小麦研究所 |
| 丰德存麦 5 号 | 2014 | 国审麦 2014003 | 河南丰德康种业有限公司 |
| 先麦 8 号 | 2013 | 鄂审麦 2013002 | 河南先天下种业有限公司 |
| 郑麦 101 | 2013 | 国审麦 2013014 | 河南省农业科学院小麦研究所 |
| 中麦 895 | 2012 | 国审麦 2012010 | 中国农业科学院作物科学研究所等 |
| 漯麦 18 | 2012 | 国审麦 2012011 | 漯河市农业科学院 |
| 郑麦 583 | 2012 | 豫审麦 2012003 | 河南省农业科学院小麦研究所 |
| 周麦 27 | 2011 | 国审麦 2011003 | 周口市农业科学院 |
| 中麦 175 | 2011 | 国审麦 2011018 | 中国农业科学院作物科学研究所 |

（续）

| 品种 | 审定年份 | 审定编号 | 选育单位 |
|------|---------|---------|---------|
| 郑麦 9962 | 2010 | 国审麦 2010009 | 河南省农业科学院小麦研究所 |
| 豫农 416 | 2009 | 豫审麦 2009001 | 河南农业大学 |
| 泛麦 8 号 | 2008 | 豫审麦 2008007 | 河南黄泛区地神种业农业科学研究院 |
| 洛旱 7 号 | 2007 | 国审麦 2007018 | 洛阳市农业科学研究院 |
| 洛旱 6 号 | 2006 | 国审麦 2006020 | 洛阳市农业科学研究院 |
| 西农 979 | 2005 | 国审麦 2005005 | 西北农林科技大学 |
| 杨麦 15 | 2005 | 苏审麦 200502 | 江苏里下河地区农业科学研究所 |
| 百农矮抗 58 | 2005 | 国审麦 2005008 | 河南科技学院 |
| 偃展 4110 | 2003 | 国审麦 2003032 | 河南省豫西农作物品种展览中心 |
| 郑麦 9023 | 2003 | 国审麦 2003027 | 河南省农业科学院小麦研究所 |

注：基于实地统计调查数据分类，按照本书概念界定 2017 年后通过审定的小麦品种为新品种。

河南省中北部麦区，主要包括郑州、许昌、洛阳等地。该区为传统小麦适宜种植区，产量要明显高于其他地区，主要种植优质强筋和中筋小麦。该地区一般选用抗倒伏、耐旱、抗枯叶病、抗白粉病等性能佳的半冬性中晚熟品种。常见种植品种有百农 207、周麦 27、百农 4199、百农矮抗 58、中麦 895、丰德存麦 5 号、周麦 22、天民 184、郑麦 101、郑麦 136、郑麦 618 等。

河南中东部麦区，一般包括漯河、周口、商丘及驻马店和平顶山部分地区。该区为优质中筋、中强筋和强筋小麦适宜种植区，主要选用春季发育相对平稳，抗倒春寒能力较强，抗条锈病、抗倒伏性能好的半冬性高产优质强筋、中筋小麦中熟品种。常见种植品种有百农 201、百农 207、百农 4199、百农 418、周麦 27 号、中麦 895、泛麦 8 号、郑麦 583、郑麦 22 等。

河南南阳麦区，主要包括南阳及驻马店部分地区。该区灌溉设施、条件相对不足，属于半雨养、雨养小麦种植区，通常选择抗干热风、抗赤霉病、耐旱的半冬性中早熟小麦品种。常见种植品种有郑麦113、郑麦9023、郑麦9962、先麦8号、天民198、豫农416、豫农186、漯麦18、郑麦618、郑麦119等。

河南南部稻茬麦区，主要包括信阳及驻马店部分地区。该区降水量偏多，通常选择耐湿性好、抗土传花叶病、抗纹枯病的弱春性早熟小麦品种。常见种植品种有西农979、偃展4110、郑麦9023、扬麦15、郑麦925、春丰0017等。

河南西部、北部旱麦区，主要包括三门峡、平顶山、洛阳等地的浅山丘陵区域。通常选择抗病虫害、耐旱性好的半冬性小麦品种。常见种植品种有洛旱6号、中麦175、洛旱7号、中麦175等。

根据本书的调研数据统计，河南省各年份小麦品种种植农户分布，如图4-2所示。

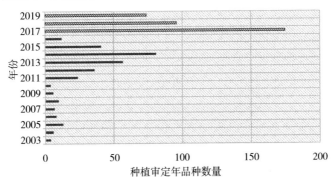

图4-2　各年份小麦品种种植农户分布

## 4.3　移动互联网应用对农户小麦新品种采用影响的案例分析

由于农业问题的复杂性，深入调查的案例研究已经成为分析和解决实际农业问题的重要方法。当需要解决类似"为什么""如何变化"等农业问题时，研究人员通过深入乡村，以观察、参与农村生产生活的方式来寻找问题的答案。访谈可以提供实时、丰富和详细的信息与关键的视角，帮助探索和识别关键问题。本章将深入访谈和扎根理论结合，探索移动互联网应用如何促进农户小麦新品种的采用，同时通过选择式编码总结这些要素之间的逻辑或因果关系，更进一步分析移动互联网如何对农户小麦新品种的采用产生影响，以期为农业新品种推广提供经验参考。

河南省淇县的小麦种植农户 A，是一位有着外出打工经验的返乡务农人员。初中文化的 A，在郑州打工时主要从事的是建筑行业，在积累到一定积蓄后，A 于 2015 年返回家乡淇县继续务农，并以种植小麦为生。A 在郑州打工期间受工友的影响，开始使用智能手机。A 花费 1 000 多元购买智能手机时主要考虑以下几个方面：①平时和亲朋好友电话联络的需要；②闲暇时间娱乐的需求，并且通过智能手机上网进行游戏、看视频等娱乐活动的成本较低。A 由于在城市已经习惯使用智能手机上网，回到家乡后也一直保持着通过智能手机上网的习惯，每月平均费用超过 50 元。

淇县有许多农户从事小麦生产，2020 年全县种植了 30 多万亩的小麦，产量达 16 万吨。A 有着 10 多年的小麦种植经验，通常在了解到某个小麦新品种后会尝试种植一两亩。如果小麦新品种的收益不错，则 A 在来年会考虑大面积甚至全部种植新品种；如果小麦新品种的收益不好，则 A 会考虑放弃种植新品种或寻求其他品种。由于 A 闲暇时有使用手机上网的习惯，平时也会关注一些农业技术方面的信息（微信公众号、抖音等），2019 年的一次偶然机会，A 在使用智能手机上网时收到农技推广频道推送的小麦新品种的视频。当时正在推广的小麦新品种是百农 4199（2017 年通过审定）。该品种属于半冬性多穗型中早熟的小麦，具有较好的抗寒性和抗病性。A 之前因小麦条锈病等病害遭受过损失，就抱着试一试的态度在 2019 年 10 月种植了 2 亩的百农 4199，平时 A 还会按照从智能手机上查到的一些百农 4199 种植信息进行一些必要的农事操作。在 2020 年 5 月底收获时，试种的百农 4199 单产接近 600 千克/亩，要高于之前种植的泛麦 8 号品种。于是 2020 年秋天再次种植时，A 决定将自己的 12 亩土地全部改种百农 4199。在改种前，A 还通过智能手机上网查询了小麦种子的价格，并确认和之前品种的价格差别不大。通过 A 的介绍，调研人员了解到 A 通过智能手机上网能查到他想要的大部分农业相关信息，而且一部分以前需要现场才能解决的问题，也可以通过手机拍照、视频等方式来寻求亲朋好友或者"线上专家"的帮助。A 在给调研人员介绍时，认为现在的智能手机短视频软件的智能推荐功能非常好用，"划"到有用信息的概率会明显增加，当然，这样的功能也会使他使用智能手机上网的时间明显加长。根据 A 介绍，手机上网不但让他种植小麦有了更多的选择，种植其他经济作物的选择也变多。例如，山药是河南省比较常见的经济作物之一，其可用于中药或作为养生食品，因此当地有不少人种植。经济作物和粮食作物相比最大的风险在于市场销售价格波动非常大。以前，如果附近没有其他农户种植该类作物，就意味着种植要独自在田间进行"试验"，不能指望别人帮助他们了解市场、作物潜在风险问题等。如今，种植通过智能手机上网可以轻松地和百里之外的农户交流种植经验，和千里之外的专家进行远程沟通，即使面临新品种选择也不再像以前那样谨小慎微。

通过案例分析可以发现，移动互联网应用在小麦新品种技术扩散的路径上，从认知、决策、评估多个方面影响着农户"潜在"的小麦新品种采用行为。在认知阶段，移动互联网比传统信息获取渠道有着明显的成本和效率优势，可以为小麦种植农户提供更多低成本的农业技术、农产品市场相关信息，移动互联网的信息宣传、推送，可以提升农户对农业信息获取的能力；移动互联网开拓农户对待新事物的视野和认知水平，提升农户抗风险能力，进而改善农户对待小麦新品种、新技术因不确定风险产生的厌恶感；移动互联网的小麦新品种种植示范宣传，可以让农户从多个角度感受到小麦新品种带来的切身收益，增强农户对小麦新品种种植的信心。

## 4.4　本章小结

本章主要对农村移动互联网应用情况和小麦新品种种植情况进行分析，主要结论如下。

（1）现阶段，移动互联网是农村信息传播的重要方式，在中国农村的应用普及率逐年上升。目前移动互联网已经渗透到农业生产、生活的各个方面，但是在不同地区的发展存在一定差异。

（2）尽管目前中国小麦生产基本实现了自给，但是小麦生产面临劳动力和土地资源禀赋的约束，且整体单产水平不高，地区差异明显。小麦整体成本收益率较低，新品种采用率不高，是未来中国粮食安全发展的隐患。

综上所述，信息要素与农户小麦新品种采用密切相关，但是移动互联网应用和农户小麦新品种采用效应、影响路径还需进一步探讨。

# 第5章 • • •
## 移动互联网应用对农户小麦新品种采用的影响

移动互联网发展和新品种推广是当前各界关注的热点，但是移动互联网应用与农户小麦新品种采用的相互影响关系尚未形成定论。作物新品种作为重要的生产要素在农业生产活动中具有举足轻重的作用，新品种的推广采用对促进农业技术进步、农民增收都有积极的影响。本章主要通过河南省小麦种植农户调研数据分析移动互联网应用对农户小麦新品种采用的影响。本章将选用内生转换回归模型、倾向得分匹配模型，从农户移动互联网应用情况、信息渠道的路径实证研究移动互联网应用对农户小麦新品种采用的影响，为后续研究政府新型农业技术推广方式、促进小麦产业高质量发展提供政策依据。

## 5.1 问题提出

中国一直都非常重视粮食安全。党的二十大报告明确指出："全方位夯实粮食安全根基，全面落实粮食安全党政同责，牢牢守住十八亿亩耕地红线，逐步把永久基本农田全部建成高标准农田，深入实施种业振兴行动，强化农业科技和装备支撑，健全种粮农民收益保障机制和主产区利益补偿机制，确保中国人的饭碗牢牢端在自己手中。"目前促进粮食产量增加主要依靠增加生产要素投入与提高农业生产效率两种途径。增加生产要素投入这种粗放型增长方式已不适合当前中国农业的发展（谭放和陈文林，1998），而提升农业生产效率的核心要素是依靠农业技术的进步、科技成果的转化及农业劳动者素质的提高。加强农业科技成果的推广是提高农业技术进步的重要环节（兰徐民和赵冬缓，2002），由于农业科技成果推广的特殊性，推广部门往往容易将关注点放在农业科技的市场化上，而忽视农业科技成果市场化的配套设施与信息传播环境。有研究表明（信乃诠等，1995；Mao et al.，1997；Jin et al.，2010），中国农业生产效率的提升主要依赖科技进步，依靠科技进步能够有效提高粮食单产水平，而作物新品种的改良迭代是科技进步的重要方式之一。

在 1980 年后期，中国的种子经营与种子管理职能分离（杨建仓，2008），种子的生产、销售市场化程度较高，农村作物品种信息渠道的多样性与复杂性严重制约了农户新品种的采用速度与效率（王绪龙和周静，2016）。从中国小麦品种发展的历史来看（何中虎等，2011），中国小麦的单位面积产量受小麦品种的影响较大。多年的推广实践表明，如果能够加速小麦新品种推广采用及实施过程，则能够有效促进小麦产业技术进步，提高品种规模种植效益，并解决区域品种布局散乱等问题，从而在科学育种的方向上保障粮食生产安全。农户是农业生产的主体，农业生产技术信息是农业生产中最具活力的生产要素，但受农户禀赋、信息渠道等因素的影响，目前中国农户小麦新品种采用的效率并不高。当前关于农业新技术采用的研究视角多样、所得结论丰富，多数学者认同受信息获取渠道与能力的限制，农户可以获取的小麦新品种信息非常有限，使农业新技术推广、农业生产效率提高受阻（Ramaeker et al.，2013；Ward et al.，2016）。如何突破小麦新品种种植技术信息渠道的约束，是当前农业技术推广工作亟须解决的问题。

近年来，在"互联网＋农业"的推动下，信息进村入户工程有了长足的发展，移动互联网作为最方便、最贴近农民生活的信息通信模式受到了广大农民的青睐（Sekabira et al.，2012；成德宁等，2017）。移动互联网颠覆了农民传统的信息交互模式，为农民的信息传递、信息交流提供了低成本、高效率的平台。而在小麦种植过程中，农业信息的有效传播起到了举足轻重的作用：小麦生产技术信息的有效传播可以推动农业技术的进步，促进农户快速掌握小麦新品种、新技术，提升农户对小麦新品种的信任感（Mittal et al.，2016）；农业市场信息的有效传播可以带动物流、资金的流通，给行业的发展带来活力；农业政策信息的有效传播可以保障农户的利益，充分发挥农业管理部门对农业生产的指导作用（常向阳和韩园园，2014）。石晓阳等（2020）认为，移动互联网应用对于新品种的推广具有重要的催化作用，移动互联网在降低新品种信息搜寻成本、种植风险等方面可以发挥较好的作用。《中国互联网发展状况统计报告》显示，中国农村农民智能手机普及量逐年增加，越来越多的农民选择通过智能手机方式访问互联网。小麦新品种的采用行为是对农业生产活动重要的内生性反应，这会受到移动互联网普及的影响。

在实地调研时，河南省农户小麦新品种的采用行为表现出很大的差异性，有些农户完全不考虑采用新品种，有的农户虽然对新品种比较感兴趣，但是采用行为比较犹豫，仍然以种植熟悉的"旧品种"为主，基于此本章提出如下研究问题。

（1）移动互联网作为新兴的信息传播载体，能否对农户掌握新品种信息及其种植技术产生影响？

（2）什么类型的农户使用移动互联网后新品种采用效应更强？

本章试图利用微观层面的调研数据，分析移动互联网在小麦新品种推广过程中所扮演的角色，并对比分析其环节的差异性，为引导创新农业技术推广方式、合理提高粮食生产技术进步、因效施策提供支撑。

## 5.2　模型设定

### 5.2.1　内生转换回归模型

农户是否选择使用移动互联网来获取小麦新品种种植信息是属于农户的个人自选择行为，其选择会受到农户自身禀赋的影响，又会对农户小麦新品种的采用产生影响，这就会带来内生性问题。解决内生性问题常用的方法有内生转换回归模型、倾向得分匹配模型或工具变量法，工具变量法一般能够有效地解决遗漏变量产生的偏差，但不能考虑到异质性问题。因此，本章使用内生转换回归模型进行实证分析（谭永风等，2021），并使用倾向得分匹配模型进行稳健性检验。农户是否使用移动互联网，取决于农户使用移动互联网和不使用移动互联网效用的差异，用决策模型可表示为

$$\begin{cases} D'_i = g(\mathbf{Z}_i) + \mu_i \\ \text{if } D'_i > 0 \text{ then } D_i = 1，\text{eles } D_i = 0 \end{cases} \quad (5-1)$$

式中，$D'_i$ 为潜变量，$D_i = 0$ 表示农户 $i$ 未使用移动互联网，$D_i = 1$ 表示农户 $i$ 使用移动互联网；$\mathbf{Z}_i$ 为外生解释变量的向量，包括农户的个人特征、家庭特征、经济禀赋和社会禀赋；$\mu_i$ 为随机误差项。为进一步分析农户新品种的采用情况，本章创建模型如下：

$$Y_i = \beta_i X_i + \delta D_i + \varepsilon_i \quad (5-2)$$

式中，被解释变量 $Y_i$ 为农户 $i$ 新品种采用率（新品种种植比例）；控制变量 $X_i$ 为影响农户新品种采用的相关因素，包括农户 $i$ 的个人特征、家庭特征、经济禀赋和社会禀赋等；变量 $D_i$ 为农户 $i$ 是否使用移动互联网；$\beta_i$ 为相关因素的系数；$\delta$ 为待估参数；$\varepsilon_i$ 为随机误差项。由于农户会根据自身的特征主动选择移动互联网，移动互联网的使用决策 $D_i$ 会受到一些不可观测变量的影响，其中某些不可观测变量还有可能与农户的新品种采用率 $Y_i$ 相关，从而导致模型中的变量 $D_i$ 与随机误差项 $\varepsilon_i$ 存在相关关系。这一内生性问题

可能会直接导致模型存在估计偏差。所以，本章将使用移动互联网的农户和不使用移动互联网的农户分开建模，模型如下：

$$\begin{cases} Y_{1i} = \beta_1 X_{1i} + \sigma_{1\mu} \lambda_{1i} + \varepsilon_{1i}, \text{ if } D_i = 1 \\ Y_{2i} = \beta_2 X_{2i} + \sigma_{2\mu} \lambda_{2i} + \varepsilon_{2i}, \text{ if } D_i = 0 \end{cases} \quad (5-3)$$

式中，$Y_{1i}$ 和 $Y_{2i}$ 分别为使用移动互联网的农户和未使用移动互联网的农户的新品种采用率，$X_{1i}$ 和 $X_{2i}$ 分别为影响两类农户新品种采用率的因素，$\lambda_{1i}$ 和 $\lambda_{2i}$ 为逆米尔斯比率，$\varepsilon_{1i}$ 和 $\varepsilon_{2i}$ 为随机误差项。为了解决因为不可观测因素导致的样本选择性偏差问题，本章引入了逆米尔斯比率 $\lambda_{1i}$ 和 $\lambda_{2i}$，以及它们的协方差：

$$\begin{cases} \sigma_{1\mu} = \text{cov}(\mu_i, \varepsilon_{1i}) \\ \sigma_{2\mu} = \text{cov}(\mu_i, \varepsilon_{2i}) \end{cases} \quad (5-4)$$

利用完全信息极大似然法（full information maximum likelihood，FIML）对式（5-4）进行联立估计（Lokshin et al.，2004）。式（5-1）和式（5-3）的对数似然函数可以表示为

$$\ln L = \sum_i \left\{ D_i \left[ \ln \frac{f\left(\dfrac{\varepsilon_{1i}}{\sigma_{1\mu}}\right)}{\sigma_{1\mu}} + \ln F(\eta_{1i}) \right] + (1 - D_i) \left\{ \ln \frac{f\left(\dfrac{\varepsilon_{2i}}{\sigma_{2\mu}}\right)}{\sigma_{2\mu}} + \ln[1 - F(\eta_{2i})] \right\} \right\}$$

$$(5-5)$$

式中，函数 $F(\cdot)$ 和 $f(\cdot)$ 分别为标准正态分布的分布函数与概率密度函数，且 $\eta_{1i} = \dfrac{g(Z_i) + \rho_1 \varepsilon_{1i}/\sigma_{1\mu}}{\sqrt{1 - \rho_1^2}}$，$\eta_{2i} = \dfrac{g(Z_i) + \rho_2 \varepsilon_{2i}/\sigma_{2\mu}}{\sqrt{1 - \rho_2^2}}$。$\rho_1$ 为 $\mu_i$ 与 $\varepsilon_{1i}$ 的相关系数，$\rho_2$ 为 $\mu_i$ 与 $\varepsilon_{2i}$ 的相关系数。如果 $\sigma_{1\mu}$ 和 $\sigma_{2\mu}$ 在统计上显著，则可以说明通过内生转换操作的必要性，且证明了移动互联网应用影响农户新品种的采用率。

使用移动互联网的农户新品种采用率期望值为

$$E[Y_{1i} \mid D_i = 1] = \beta_1 X_{1i} + \sigma_{1\mu} \lambda_{1i} \qquad (5-6)$$

未使用移动互联网的农户新品种采用率期望值为

$$E[Y_{2i} \mid D_i = 0] = \beta_2 X_{2i} + \sigma_{2\mu} \lambda_{2i} \qquad (5-7)$$

同时考虑反事实假设的情况，使用移动互联网的农户在没有使用移动互联网时新品种采用率的期望值为

$$E[Y_{2i} \mid D_i = 1] = \beta_2 X_{1i} + \sigma_{2\mu} \lambda_{1i} \qquad (5-8)$$

未使用移动互联网的农户在使用移动互联网后的采用率期望值为

$$E[Y_{1i} \mid D_i = 0] = \beta_1 X_{2i} + \sigma_{1\mu} \lambda_{2i} \qquad (5-9)$$

式（5-6）和式（5-8）联立，可以得到使用移动互联网的农户新品种采用率的处理效应为

$$
\begin{aligned}
ATT &= E[Y_{1i} \mid D_i = 1] - E[Y_{2i} \mid D_i = 1] \\
&= \beta_1 X_{1i} + \sigma_{1\mu} \lambda_{1i} - (\beta_2 X_{1i} + \sigma_{2\mu} \lambda_{1i}) \\
&= (\beta_1 - \beta_2) X_{1i} + (\sigma_{1\mu} - \sigma_{2\mu}) \lambda_{1i}
\end{aligned}
$$

利用同样的方法，式（5-7）和式（5-9）联立，可以得到未使用移动互联网的农户新品种采用率的处理效应为

$$
\begin{aligned}
ATU &= E[Y_{1i} \mid D_i = 0] - E[Y_{2i} \mid D_i = 0] \\
&= \beta_1 X_{2i} + \sigma_{1\mu} \lambda_{2i} - (\beta_2 X_{2i} + \sigma_{2\mu} \lambda_{2i}) \\
&= (\beta_1 - \beta_2) X_{2i} + (\sigma_{1\mu} - \sigma_{2\mu}) \lambda_{2i}
\end{aligned}
$$

后续，本书将对上述 $ATT$ 和 $ATU$ 的平均值进行比较来分析移动互联网应用对农户新品种采用率的影响效应。

### 5.2.2  倾向得分匹配模型

为了对实证结果进行稳健性检验，本章考虑使用倾向得分匹配模型对移动互联网应用的影响效应做进一步检验。构建小麦新品种采用率的计量模型，模型形式为

$$Y_i = \alpha + \beta X_i + \delta D_i + \varepsilon_i \qquad (5-10)$$

式中，$Y_i$ 为农户新品种的采用率（新品种种植比例），$\alpha$ 为常数项，

$X_i$ 为影响农户新品种采用的其他解释变量（个人特征、家庭特征、社会禀赋等），$D_i$ 为移动互联网的应用程度，$\varepsilon_i$ 为随机干扰项。

通过对使用移动互联网的农户和未使用移动互联网的农户进行匹配，使使用移动互联网的农户和未使用移动互联网的农户趋于均衡可比，然后比较两组农户的小麦新品种采用情况。所以，在分析中农户使用移动互联网倾向匹配得分是既定条件下农户使用移动互联网的概率，一般使用 Probit 模型或者 Logit 模型进行倾向匹配得分。本章所使用的倾向得分匹配模型，主要是基于可观测解释变量，影响农户小麦新品种采用决策变量的不可观测因素不直接发挥作用。但是，在模型设置时，可观测的变量设置错误可能会导致匹配倾向的得分存在错误或有偏估计（Heckman et al.，1997），即采用模型的 FFM（functional form misspecification，函数形式的错误设定）会被 $\varepsilon_i$ 吸收。而解决 FFM 问题的有效方法之一就是通过匹配的方式来弱化函数形式设定的依赖，来缓解一定程度上的内生性问题。

移动互联网效应评估试图评估某项目或政策实施后的效应，按照是否参与项目划分实验组和对照组，选取某个衡量指标计算处理效应。但是，由于"选择偏差"（selection bias）的存在，需要测度项目参与者已有结果与反事实结果之间的差异。本章将调研的样本农户分为实验组和对照组，其中，实验组是使用移动互联网的农户，对照组是未使用移动互联网的农户。处理变量为 $D_i = \{0, 1\}$，$D_i = 0$ 表示农户 $i$ 未使用移动互联网；反之，$D_i = 1$ 表示农户 $i$ 使用移动互联网。$Y_i$ 表示农户对新品种的采用率（农户种植 2017 年 1 月 1 日至 2019 年 12 月 31 日内通过审定的小麦品种的面积比例）。未使用移动互联网的农户对新品种的采用率为 $Y_{i0}$，使用移动互联网的农户对新品种的采用率为 $Y_{i1}$。本章通过 Logit 模型进行处理，模型形式如下：

$$P(Z_i) = P(D_i = 1 \mid Z_i) = \Lambda(Z'_i\beta) = \frac{\mathrm{e}^{Z'_i\beta}}{1 + \mathrm{e}^{Z'_i\beta}}$$

$$(5-11)$$

模型中，研究核心是使用移动互联网的农户小麦新品种采用情况与未使用移动互联网的农户小麦新品种采用情况的差距，即移动互联网应用对农户小麦新品种采用情况的影响效应 ATT。通常把反事实框架下的不能观测结果认定为反事实结果，如果使用移动互联网的农户和未使用移动互联网的农户之间的差异可以被一组相同的变量解释，那么在处理时需要分层去配对这一相同的解释变量。通过这样的处理，可以使每一层都具有使用移动互联网的农户和未使用移动互联网的农户，这就使每一层之间的差异就是农户是否使用移动互联网。在此基础上，进一步观测在各层中使用移动互联网的农户和未使用移动互联网的农户小麦新品种采用的差异，再根据各层的权重测算移动互联网应用对农户小麦新品种采用的影响效应。

使用移动互联网的农户平均处理效应为

$$ATT = E[Y_{i1} - Y_{i0}] = E[Y_{i1} - Y_{i0} \mid D_i = 1]$$
$$= E[Y_{i1} \mid D_i = 1] - E[Y_{i0} \mid D_i = 1]$$

未使用移动互联网的农户的 $E[Y_{i0} \mid D_i = 1]$ 值是无法观测的，故要借助倾向得分匹配模型根据与使用移动互联网的农户具有相似特征的未使用移动互联网的农户状况，估计使用移动互联网的农户的反事实状况。这里倾向得分匹配模型的核心思想就是通过计算倾向得分对使用移动互联网的农户个体的反事实结果做匹配。通常情况下，利用模型的使用移动互联网的农户数据和未使用移动互联网的农户数据的协变量来检验匹配效果，但是匹配后的样本数量会进一步缩减，这样会引入统计学中的"第二类错误"。因此小麦新品种采用程度的计量模型在选择倾向得分匹配模型进行样本匹配时，需要有足够多的匹配样本以保障匹配质量。在使用移动互联网的农户和未使用移动互联网的农户的样本数据匹配完成后，如果协变量达到了平衡状态，则平均处理效应 ATT 可以进行 $t$ 检验。但是，当匹配后不能接受协变量平衡为 "0" 的假设时，则需要使用多元回归方法来调节协变量的剩余差异。

本章实证的研究思路：①以农户小麦新品种种植比例作为衡量采用率的主要指标，通过内生转换回归模型分析移动互联网应用对农户小麦新品种采用率的影响，分析使用移动互联网的农户和未使用移动互联网的农户的差异。②通过倾向得分匹配模型和替代变量进行稳健性检验。③通过对比不同特征农户移动互联网应用的平均处理效应差异，为进一步研究如何制定移动互联网推广方式提供支撑。

## 5.3　变量选择

### 5.3.1　数据来源

本章实证数据来源于河南省 2020 年 11 月至 2021 年 4 月的小麦种植农户实地调研结果，调研人员为中国农业大学研究生与河南省益农信息社信息员，在调查问卷收集过程中会通过对调研数据的清洗、核实，最终以每张调查问卷的质量发放劳务费用，对于信息质量较差的调查问卷会在统一确认后进行剔除以保证数据质量。调查问卷包含河南省小麦主要种植区的农户问卷和乡村问卷，每个村随机抽取约 10 户作为小麦种植农户样本，最终获得了 10 个行政县 754 份农户问卷，通过整理、筛选，最终确认 698 份调查问卷作为本章实证分析样本。

### 5.3.2　变量选取

本章检验的问题是移动互联网应用对农户小麦新品种采用行为的影响，因此新品种采用率、移动互联网应用情况是本章的主体变量。被解释变量为农户小麦新品种采用率，通过农户种植 3 年内（2017 年 1 月 1 日至 2019 年 12 月 31 日）审定的小麦品种面积比例来计算。解释变量为农户的移动互联网使用情况，由移动终端、互联网软件应用情况综合判定。由于内生转换回归模型要求解释变量为二值型离散变量，农户使用移动互联网则值为 1，未使用移动互联网则值为 0。工具变量选择"对互联网的认知"，主要考虑原因如下：农户对互联网的认知通常与年龄、受教育年限、家庭收入等因素直接相关，这些因素又会影响农户小麦新品种的采用。统计检验发现，农户对互联网的认知和新品种采用无关，与移动互联网应用在 1% 水平上显著正相关，这也证明了选择该工具变量的正确性。

刘晓倩（2018）指出，在研究农户行为选择时通常把农户（农业生产经营决策人）的个人特征、家庭特征、经济禀赋、社会禀赋纳入模型中作为控制变量。

**1. 个人特征**

农户的个人特征对其生产决策起到决定性的作用，本研究选取了农户的年龄、性别、受教育年限、小麦种植经验和是否返乡务农人员共 5 个指标作为特征变量。通常情况下，农户年龄和新品种采用存在一定关系，年龄大的农户行为上更愿意"守旧"（国亮，2011），不愿意"冒险"采用新品种，更愿意经过个人观察确认技术成熟后再考虑采用。有研究认为，性别会引起新品种采用的差异（吴雪莲，2016），男性调查者工作重心更偏于农业生产且文化水平通常要高于女性，他们通常会更加关注新品种情况。受教育年限长的农户由于其文化水平更高，对新知识、新技术的学习能力更强，个人的信息获取能力和分析能力更强，更容易了解新品种带来的种植优势，往往更愿意采用新品种。小麦种植经验丰富的农户对小麦种植过程中风险感知能力、新品种种植知识学习能力往往要强于经验欠缺的农户。返乡务农人员在城市中的工作经历为其拓宽了视野、拓展了思路，当农户是返乡务农人员时，其采用经济效益更高或者性能更优的新品种的热情更高，通常更容易优先考虑种植新的品种。

**2. 家庭特征**

家庭特征会对小麦生产决策产生一定影响（温涛和陈一明，2020），本章选择家庭人口、家庭农业劳动力数量、家庭参加农技培训次数作为家庭特征变量。人口多的家庭通常负担较重，而非农收入能够分散整个家庭从事农业经营的风险，本章选择家庭人口和家庭农业劳动力数量作为变量。参加农技培训是促进新品种采用的重要因素之一（楼栋等，2013），本章选取家庭参加农技培训次数作为变量进行分析（应瑞瑶和朱勇，2015）。

**3. 经济禀赋**

经济禀赋是从事小麦生产决策的重要基础，本章选择家庭年收入、小麦收入占比、小麦种植规模作为经济禀赋特征变量。因为从事小麦新品种种植通常需要增加一定量的投入成本，而且不同收入的家庭面对农业生产风险态度也会不同（徐旭初和吴彬，2018），所以本章将家庭年收入纳入考虑因素。小麦收入占比高的农户，对小麦生产的重视程度更高，更有动力通过各种方式来增加小麦的种植收益，更有意愿种植新品种。因为学习新的小麦品种种植技术需要投入更多的资金、人力，大的种植农户更容易获得规模收益，所以更愿意在前期加大投入来采用新品种。

**4. 社会禀赋**

本章选取家庭成员是否担任村干部、参加合作社情况、信息获取渠道数量作为社会禀赋特征变量。基于目前中国农村的实际情况，家庭成员如果担任村干部或者其他公职时，获取小麦新品种信息的渠道更多、信息成本更低、效率更高，在了解小麦新品种信息及其产生的经济效益后更容易采用。农村合作社为广大农户获取小麦新品种信息提供了重要的平台，通过参与合作社的交流活动，农户可以更方便地获得到小麦新品种信息，进而促进小麦新品种的采用。有研究认为（黄炜虹，2019），信息获取渠道数量能够直接反映农户小麦新品种信息的感知能力，并能直接影响农户小麦新品种的采用意愿。

### 5.3.3 描述性统计

本章将农户分为使用移动互联网的农户和未使用移动互联网的农户，通过对两组样本的农户进行对比分析。实证模型变量及描述性统计如表5-1所示。

表5-1 实证模型变量及描述性统计

| 变量名称 | | 变量定义 | 总样本 | | 使用移动互联网的农户 | | 未使用移动互联网的农户 | |
|---|---|---|---|---|---|---|---|---|
| | | | 均值 | 标准差 | 均值 | 标准差 | 均值 | 标准差 |
| 被解释变量 | 小麦新品种采用率 | 2017年1月1日至2019年12月31日内审定的小麦品种的种植比例 | 0.454 | 0.312 | 0.584 | 0.292 | 0.254 | 0.283 |
| 其他变量 | 年龄 | 实际年龄/周岁 | 50.256 | 8.842 | 47.845 | 8.420 | 53.96 | 8.185 |
| | 性别 | 1=男；0=女 | 0.785 | 0.411 | 0.792 | 0.406 | 0.775 | 0.419 |
| | 受教育年限 | 农户受教育年限/年 | 8.782 | 4.047 | 11.085 | 3.096 | 5.240 | 2.473 |
| | 小麦种植经验 | 按照实际数值/年 | 8.884 | 3.568 | 8.232 | 3.132 | 9.887 | 3.951 |
| | 是否返乡务农人员 | 1=是；0=否 | 0.332 | 0.471 | 0.411 | 0.493 | 0.211 | 0.409 |
| | 家庭人口 | 按照实际数值/人 | 4.129 | 1.698 | 4.090 | 1.682 | 4.189 | 1.724 |
| | 家庭农业劳动力数量 | 按照实际数值/人 | 1.971 | 1.034 | 1.939 | 1.012 | 2.022 | 1.067 |
| | 家庭参加农技培训次数 | 按照实际数值/次 | 2.264 | 1.114 | 2.667 | 1.058 | 1.644 | 0.894 |
| | 家庭年收入 | 为减少极值影响，按照实际数据取对数值（$\ln x$） | 11.265 | 0.458 | 11.370 | 0.435 | 11.103 | 0.447 |

（续）

| 变量名称 | 变量定义 | 总样本 | | 使用移动互联网的农户 | | 未使用移动互联网的农户 | |
|---|---|---|---|---|---|---|---|
| | | 均值 | 标准差 | 均值 | 标准差 | 均值 | 标准差 |
| 其他变量 小麦收入占比 | 小麦收入占家庭年收入比例 | 0.531 | 0.232 | 0.525 | 0.231 | 0.539 | 0.233 |
| 小麦种植规模 | 为减少极值影响，按照实际数据取对数值（$\ln x$）统计 | 1.356 | 0.456 | 1.368 | 0.430 | 1.334 | 0.495 |
| 家庭成员是否担任村干部 | 是＝1；否＝0 | 0.064 | 0.256 | 0.095 | 0.293 | 0.018 | 0.134 |
| 参加合作社情况 | 是＝1；否＝0 | 0.262 | 0.440 | 0.326 | 0.469 | 0.164 | 0.371 |
| 对互联网的认知 | 4＝非常了解；3＝比较了解；2＝一般；1＝不太了解；0＝不了解 | 2.666 | 0.981 | 2.754 | 1.001 | 2.531 | 0.937 |
| 信息获取渠道数量 | 按照实际数值 | 2.489 | 0.989 | 2.482 | 1.014 | 2.498 | 0.953 |

注：总样本为 698 人，使用移动互联网的农户样本为 423 人，未使用移动互联网的农户样本为 275 人。

## 5.4　实证结果分析

在实证中，本章采用 Stata 15.0 统计软件对移动互联网应用对农户小麦新品种采用影响的回归模型进行估计分析，分析结果如表 5-2 所示。

**表5-2 新品种采用率与移动互联网选择方程估计结果**

| 变量名称 | 小麦新品种采用率 | | 选择方程 |
| --- | --- | --- | --- |
| | 使用移动互联网的农户 ($N_1=423$) | 未使用移动互联网的农户 ($N_2=275$) | |
| 年龄 | -0.003*** | -0.005*** | -0.006*** |
| | (0.000) | (0.001) | (0.001) |
| 性别 | -0.005 | -0.009 | -0.002 |
| | (0.009) | (0.014) | (0.029) |
| 受教育年限 | 0.006*** | 0.005** | 0.065*** |
| | (0.001) | (0.002) | (0.003) |
| 小麦种植经验 | 0.009*** | 0.008*** | -0.012*** |
| | (0.001) | (0.002) | (0.003) |
| 是否返乡务农人员 | -0.002 | 0.007 | 0.095*** |
| | (0.009) | (0.014) | (0.026) |
| 家庭人口 | -0.006 | -0.003 | 0.013 |
| | (0.004) | (0.004) | (0.009) |
| 家庭农业劳动力数量 | 0.002 | -0.002 | -0.029 |
| | (0.006) | (0.007) | (0.023) |
| 家庭参加农技培训次数 | 0.019*** | 0.011* | 0.087*** |
| | (0.004) | (0.006) | (0.016) |
| 家庭年收入 | 0.008 | -0.006 | 0.119*** |
| | (0.01) | (0.013) | (0.027) |
| 小麦收入占比 | 0.050 | -0.016* | -0.039 |
| | (0.035) | (0.008) | (0.052) |
| 小麦种植规模 | -0.068*** | -0.049*** | 0.021 |
| | (0.01) | (0.012) | (0.026) |
| 家庭成员是否担任村干部 | -0.007 | -0.032 | 0.086* |
| | (0.015) | (0.044) | (0.042) |
| 参加合作社情况 | 0.080*** | 0.085*** | 0.058** |
| | (0.009) | (0.016) | (0.028) |
| 信息获取渠道数量 | 0.000 | -0.003 | 0.007 |
| | (0.004) | (0.006) | (0.012) |

（续）

| 变量名称 | 小麦新品种采用率 | | 选择方程 |
| --- | --- | --- | --- |
| | 使用移动<br>互联网的农户<br>（$N_1 = 423$） | 未使用移动<br>互联网的农户<br>（$N_2 = 275$） | |
| 常数项 | 0.554***<br>(0.121) | 0.501***<br>(0.155) | −1.168***<br>(0.320) |
| $\rho_1$ | −0.254** *<br>(0.052) | | |
| $\rho_2$ | | 0.091***<br>(0.023) | |

注：***、**、* 分别表示在 1％、5％、10％水平差异显著。括号内数据为标准误差。

表 5-2 中最后 2 行说明了模型选择的有效性情况，$\rho_1$ 代表选择方程与使用移动互联网农户小麦新品种采用方程的误差相关系数，而 $\rho_2$ 代表选择方程与未使用移动互联网农户小麦新品种采用方程的误差相关系数。根据 Abdulai 和 Huffman（2005）的经济学解释：① $\rho_1$ 和 $\rho_2$ 在统计上显著，这说明研究样本存在"自选择"问题，即农户是否选择使用移动互联网不是随机的，而是根据使用移动互联网后能否促进新品种的采用做出的"自选择"行为；② $\rho_1$ 为负数，说明容易采用小麦新品种的农户本身也容易选择使用移动互联网。

### 5.4.1　选择方程结果分析

从模型选择方程结果看，农户个体特征变量中，年龄、受教育年限、小麦种植经验、是否返乡务农人员 4 个变量通过了模型的显著性检验，受教育年限与是否返乡务农人员两个变量和移动互联网应用呈正相关关系，而年龄与小麦种植经验和移动互联网应用呈负相关关系。这说明农户受教育年限越长越容易接受使用移动互联网；农户文化水平越高，其对移动互联网等现代信息工具接受、使用能力越强，鉴于使用移动互联网能够为生活、工作带来更多的便利，因此受教育年限长的农户更愿意使用移动互联网；而年龄越大的农户越不愿意使用移动互联网。是否返乡务农人员与农户移动互联网应用有显著的正相关关系，说明有过非农工作经验的农户更容易使用移动互联网，这是因为在城市中移动互联网的应用更加普及，农户在城市工作时更容易接触移动互联网，受环境影响的返乡务农人员更愿意使用移动互联网。小麦种植经验和移动互联网应用呈负相关关系，说明长期从事小麦种植的农户不愿意使用移动互联网，出现这种结果可能是因为长期从事小麦种植的农户在生产中对移动互联网的依赖性不强，对移动互联网的需求不大。

在农户的家庭特征变量中，家庭参加农技培训次数通过了模型的显著性检验，且与移动互联网应用在1%水平上呈显著正相关关系。农技培训是农技推广人员与农户之间沟通的纽带，农技推广人员在指导农户生产的同时，还会将移动互联网等相关的信息、使用技巧传递给农户，这容易加强农户对移动互联网的认知，促进农户使用移动互联网。

在农户经济禀赋特征变量中，家庭年收入通过了模型的显著性检验，且与移动互联网的应用呈正相关关系，说明家庭年收入越高的农户越容易使用移动互联网。家庭收入高的农户，有一定的经济基础来承担移动互联使用的各项开支，所以更容易使用移动互联网。家庭年收入较高的农户，对生活便利性、娱乐信息等有助于提升生活质量的需求较高，从而促使农户通过使用移动互联网来提升生活质量，进而促进了移动互联网的应用。

在农户经济禀赋特征变量中，家庭成员是否担任村干部和参加合作社情况这两个变量通过了模型的显著性检验，且与移动互联网应用呈正相关关系。这说明家庭中有成员担任村干部的农户更愿意使用移动互联网。从实地调查结果可以发现，村干部因为工作需要经常使用移动互联网进行工作沟通，进而带动农户使用移动互联网。参加合作社的农户更愿意使用移动互联网，这说明农户如果频繁地与异质性社会网络进行交流，其移动互联网的使用意愿会增大，则农户使用移动互联网的概率也会增加。

此外，农户的性别、家庭人口、家庭农业劳动力数量、小麦收入占比、小麦种植规模和信息获取渠道数量在模型的检验中不显著，即这些变量对移动互联网应用没有显著影响，其原因仍需进一步研究。

## 5.4.2　采用方程结果分析

从小麦新品种采用方程结果看，使用移动互联网的农户和未使用移动互联网的农户存在显著差异。具体对比分析如下。

在个人特征方面，年龄对两组样本都在 1% 的水平上显著，且与小麦新品种采用率呈负相关关系，即年龄越大的农户越不愿意采用新品种，说明年龄的增加对新品种采用行为有抑制作用，但是移动互联网应用明显减弱了年龄对新品种采用的影响。在使用移动互联网的农户和未使用移动互联网的农户中，受教育年限与小麦新品种采用率均表现出显著的正相关关系，即受教育年限越长，越有利于农户采用新的品种。相比而言，受教育年限对两组样本小麦新品种采用率的影响差异不大。在两组样本中，小麦种植经验与小麦新品种采用率在 1% 水平上呈显著正相关，这说明农户从事小麦种植的经验对其新品种采用行为有显著的影响，种植经验越丰富的农户越能够控制小麦新品种种植过程中的风险，越愿意采用小麦新品种。性别和是否返乡务农人员的两组样本对小麦新品种采用率均没有显著影响。

在家庭特征方面，两组样本的家庭参加农技培训次数均在 1% 和 10% 的水平上对小麦新品种采用率存在显著的正向影响，分别为 0.019 和 0.011。这说明参加农技培训能够有效地促进小麦新品种的采用。进一步分析发现，使用移动互联网的农户参加农技培训的新品种采用促进效果明显高于未使用移动互联网的农户，这说明使用移动互联网对农户参加农技培训后新品种采用有正向促进作用。这是因为，农户在参加农技培训后，可以通过移动互联网与培训人员（或共同参加培训的农户）进行进一步沟通，还可以对培训过程中的感兴趣技术或存在疑惑的问题进行再次信息搜寻，从而对农业技术进行巩固与拓展，进而促进新品种的采用。而家庭人口、家庭劳动力数量对小麦新品种采用率的影响未通过统计学检验。

在经济禀赋方面，两组样本的小麦种植规模均在 1% 的水平上负向显著影响小麦新品种采用率，分别为 $-0.068$ 和 $-0.049$，这说明小麦种植规模越大农户越不愿意种植新品种。这是因为，种植规模较大的农户种植新品种的风险更大，农户不愿意冒更大的风险采用新品种。未使用移动互联网的农户小麦收入占比在 10% 的水平上负向影响小麦新品种采用率，这说明受"生计小农"行为影响，农户在小麦新品种采用决策时，表现为消极态度，不愿意采用新品种。但使用移动互联网的农户小麦收入占比对小麦新品种采用率的影响不显著，这说明移动互联网应用能够改变农户传统的"风险厌恶"态度，有利于新品种的技术扩散，该结论对未来探索如何提升农业技术推广效率有重要的现实意义。而家庭年收入对两组样本的小麦新品种采用率的影响不显著。

在社会禀赋方面，两组样本参加合作社的情况均在 1% 的水平上对小麦新品种采用率存在显著的正向影响，分别为 0.080 和 0.085。这是因为参加合作社对从事相似农业生产的成员更加容易互相影响，有利于小麦新品种的推广应用。家庭成员是否担任村干部和信息获取渠道数量对两组样本的小麦新品种采用率的影响均不显著。

### 5.4.3 平均处理效应估计

移动互联应用对农户小麦新品种采用的平均处理效应估计的结

果如表 5-3 所示，表中（i）是使用移动互联网的农户小麦新品种采用率的统计结果，（ii）是（i）反事实情况下农户拟合的小麦新品种采用率，（iv）是未使用移动互联网的农户小麦采用率的统计结果，（iii）是（iv）反事实情况下农户拟合的小麦新品种采用率。

**表 5-3　移动互联网应用对农户小麦新品种采用的平均处理效应估计的结果**

| 组别 | 使用移动互联网 | 未使用移动互联网 | ATT | ATU |
|---|---|---|---|---|
| 使用移动互联网的农户 | 0.584（i） | 0.349（ii） | −0.235 | — |
| 未使用移动互联网的农户 | 0.451（iii） | 0.254（iv） | — | 0.197 |

从表 5-3 中可以看出，移动互联网应用对农户小麦新品种采用具有正向促进作用，在反事实假设中：使用移动互联网的农户如果不使用移动互联网，则其小麦新品种的采用率会降低 0.235，降低幅度为 40.24%；未使用移动互联网的农户如果使用移动互联网，则其小麦新品种采用率会上升 0.197，上升幅度为 77.56%。至此，本书提出的假说 H1 得到验证。

## 5.5　稳健性检验

为了进一步明确农户移动互联网应用对小麦新品种采用的因果关系，并控制样本选择性误差问题，本研究将通过倾向得分匹配法和引入替代变量的方法对移动互联网应用与农户小麦新品种采用的关系进行稳健性检验。

### 5.5.1　基于倾向得分匹配的稳健性检验

**1. 共同支撑域检验**

为了提高匹配的质量，我们需要保留倾向得分在共同支撑域的样本，即保证使用移动互联网的农户和未使用移动互联网的农户的倾向得分取值范围相同的部分。本章利用核匹配（kernel matching）方法，通过构造虚拟对象来进行匹配处理。因为倾向得分匹配法要求未使用移动互联网的农户和使用移动互联网的农户需要较大的共同支撑域（即共同取值范围）来保证后续分析样本的数量，否则倾向得分匹配模型会因匹配损失大量的样本，并会使匹配后剩余的观测样本难以代表所要分析的整体样本。根据倾向得分匹配模型的结果，使用移动互联网的农户和未使用移动互联网的农户倾向得分的区间分别为 [0.13，0.87]、[0.14，0.83]，得到他们的共同支撑域为 [0.14，0.83]。匹配前后两组样本倾向得分概率密度分布如图 5-1 所示。

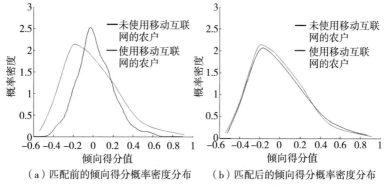

（a）匹配前的倾向得分概率密度分布　　（b）匹配后的倾向得分概率密度分布

图 5-1　匹配前后两组样本倾向得分概率密度分布

从图 5-1 中可以看出，匹配后的两组样本倾向得分的核密度函数较为接近，匹配结果较佳。这说明，本章共同支撑域共同区域重合性较好，在绝大多数观测值的共同支撑域内，使用移动互联网的农户和未使用移动互联网的农户的样本匹配效果较好。

**2. 平衡性检验**

本章为了进一步对倾向得分匹配模型估计结果的稳健性进行检验，考虑采用核匹配（$k=0.06$ 和 $k=0.1$）方法和近邻匹配（$n=$

1 和 $n=4$）方法分别进行匹配。表 5-4 为匹配前后的解释变量平衡性检验结果，通过上述分析可以看出，匹配后的数据样本总偏误明显降低，使用移动互联网的农户和未使用移动互联网的农户的特征趋于一致，即本方法通过了平衡性的检验。

**表 5-4　匹配前后的解释变量平衡性检验结果**

| 匹配方法 | 伪决定系数 $R^2$ | LR 值 | P 值 | 均值偏差/% | 中位数偏差/% |
|---|---|---|---|---|---|
| 匹配前 | 0.582 | 543.09 | 0.000 | 48.9 | 38.4 |
| 近邻匹配（$n=1$） | 0.011 | 3.89 | 0.998 | 4.5 | 4.3 |
| 近邻匹配（$n=4$） | 0.010 | 3.58 | 0.998 | 4.8 | 4.0 |
| 核匹配($k=0.06$) | 0.015 | 2.45 | 1.000 | 5.8 | 5.1 |
| 核匹配（$k=0.1$） | 0.012 | 2.33 | 0.998 | 6.3 | 5.2 |

**3. 影响效应分析**

使用上述 4 种匹配方法分别估计移动互联网应用的平均干预效应 ATT，从结果可以看出 4 种匹配方法估计出的 ATT 呈现出一致的特征，如表 5-5 所示。4 种匹配方法得到的 ATT 值略有差异，但影响效应结果与基准回归结果具有一致性，均通过了显著性水平检验，这说明移动互联网应用对农户小麦新品种采用有显著的正向影响。在未使用移动互联网时农户小麦新品种采用率为 31.81%，但是在使用移动互联网后农户小麦新品种采用率为 57.62%，增加了 25.81 个百分点。通过实证结果可以看出，移动互联网应用对农户小麦新品种采用有显著的促进作用，进一步验证了假说 H1。

**表 5-5　移动互联网应用对农户小麦新品种采用影响效应估计结果（%）**

| 匹配方法 | 使用移动互联网的农户小麦新品种采用率平均值 | 未使用移动互联网的农户小麦新品种采用率平均值 | ATT |
|---|---|---|---|
| 近邻匹配（$n=1$） | 57.62 | 31.12 | 26.50** |

（续）

| 匹配方法 | 使用移动互联网的农户小麦新品种采用率平均值 | 未使用移动互联网的农户小麦新品种采用率平均值 | ATT |
|---|---|---|---|
| 近邻匹配（$n=4$） | 57.62 | 31.12 | 26.50*** |
| 核匹配（$k=0.06$） | 57.62 | 32.63 | 24.99** |
| 核匹配（$k=0.1$） | 57.62 | 32.35 | 25.27*** |
| 平均值 | 57.62 | 31.81 | 25.81 |

注：***、**分别表示在1％、5％水平差异显著。

### 5.5.2 基于核心变量替代的稳健性检验

为了进一步明确移动互联网应用对农户新品种采用的影响关系，本章考虑使用替代变量（移动互联网使用时长）进行稳健性检验。从移动互联网使用频率的视角，可以进一步说明移动互联网的使用对小麦新品种采用所产生的突出效果，移动互联网使用时间越长，表示农户越依赖移动互联网，如果该替代变量对农户小麦新品种采用的影响显著，那么更能够说明移动互联网应用对农户小麦新品种采用的促进效果。

本次稳健性检验的实证数据选用"是否使用移动互联网"变量的子集，即使用移动互联网农户的"每周使用移动互联网时长"作为替代变量（共423户，占总样本的60.6％）。采用该替代变量可以描述农户使用移动互联网的强度，通过对使用移动互联网的农户的小麦新品种采用情况进行回归分析，结果可以证明农户新品种采用是否受每周移动互联网使用时长的影响。如果回归结果显著，那么就可以进一步证明移动互联网应用会对农户新品种采用产生影响。

本章使用普通最小二乘法进行回归分析每周使用移动互联网时长对农户小麦新品种采用的影响，替代变量回归分析结果如表5-6所示。从回归分析结果来看，稳健性检验选取的替代变量在

10％的水平通过了显著性检验，这说明在使用移动互联网的农户中，每周使用移动互联网时间越长的农户，表现出越容易采用小麦新品种的倾向。至此，本书的假说 H1 得到了进一步的验证，即移动互联网应用可以显著正向促进农户小麦新品种采用。

表 5-6 替代变量回归分析结果

| | 变量 | 均值 | 标准差 | 回归系数 | 标准误 |
|---|---|---|---|---|---|
| 替代变量 | 每周使用移动互联网时长 | 10.166 | 3.992 | 0.002* | 0.001 |
| 控制变量 | 年龄 | 47.849 | 8.420 | −0.003*** | 0.001 |
| | 性别 | 0.792 | 0.406 | −0.005 | 0.011 |
| | 受教育年限 | 11.085 | 3.096 | 0.006*** | 0.001 |
| | 小麦种植经验 | 8.232 | 3.132 | 0.009*** | 0.001 |
| | 是否返乡务农人员 | 0.411 | 0.493 | −0.001 | 0.009 |
| | 家庭人口 | 4.089 | 1.682 | −0.006 | 0.003 |
| | 家庭农业劳动力数量 | 1.939 | 1.012 | 0.003 | 0.006 |
| | 家庭参加农技培训次数 | 2.667 | 1.058 | 0.019*** | 0.004 |
| | 家庭年收入 | 11.370 | 0.435 | 0.007 | 0.010 |
| | 小麦收入占比 | 0.525 | 0.231 | −0.015 | 0.019 |
| | 小麦种植规模 | 1.368 | 0.429 | −0.067*** | 0.010 |
| | 家庭成员是否担任村干部 | 0.094 | 0.293 | −0.007 | 0.015 |
| | 参加合作社情况 | 0.326 | 0.469 | 0.080*** | 0.010 |
| | 信息获取渠道数量 | 2.482 | 1.014 | −0.000 | 0.004 |
| | 常数项 | — | — | 0.533*** | 0.121 |
| | $R^2$ | | 0.401 | | |
| | Adj $R^2$ | | 0.377 | | |

注：***、**、* 分别表示在1％、5％、10％水平差异显著。

## 5.6 异质性分析

为了更深入地分析移动互联网应用对不同特征农户小麦新品种采用的影响，本章将农户的个人特征、家庭特征、经济禀赋、社会禀赋各类变量和移动互联网应用程度的差异进行分组分析。通过内生转换回归模型对不同的分组变量进行比对（非二值变量通过平均值进行分层），结果如表5-7至表5-11所示。

### 5.6.1 不同个人特征的差异性分析

为了深入探究不同个人特征间移动互联网的平均处理效应差异，本章分别通过内生转换回归模型估计了不同情形下的反事实估计结果，如表5-7所示。

表5-7 不同个人特征移动互联网应用对农户小麦新品种采用的影响

| 特征分组 | | 组别 | 使用移动互联网 | 未使用移动互联网 | ATT | ATU |
|---|---|---|---|---|---|---|
| 年龄 | 高年龄层 | 使用移动互联网的农户 | 0.558 | 0.305 | 0.253 | — |
| | | 未使用移动互联网的农户 | 0.453 | 0.234 | — | 0.219 |
| | 中低年龄层 | 使用移动互联网的农户 | 0.599 | 0.390 | 0.209 | — |
| | | 未使用移动互联网的农户 | 0.475 | 0.297 | — | 0.178 |
| 性别 | 男 | 使用移动互联网的农户 | 0.582 | 0.351 | 0.231 | — |
| | | 未使用移动互联网的农户 | 0.442 | 0.249 | — | 0.193 |
| | 女 | 使用移动互联网的农户 | 0.590 | 0.354 | 0.236 | — |
| | | 未使用移动互联网的农户 | 0.467 | 0.272 | — | 0.195 |
| 受教育年限 | 高于均值 | 使用移动互联网的农户 | 0.595 | 0.367 | 0.228 | — |
| | | 未使用移动互联网的农户 | 0.504 | 0.313 | — | 0.191 |
| | 不高于均值 | 使用移动互联网的农户 | 0.544 | 0.331 | 0.213 | — |
| | | 未使用移动互联网的农户 | 0.433 | 0.248 | — | 0.185 |

（续）

| 特征分组 | | 组别 | 使用移动互联网 | 未使用移动互联网 | ATT | ATU |
|---|---|---|---|---|---|---|
| 小麦种植经验 | 高于均值 | 使用移动互联网的农户 | 0.616 | 0.371 | 0.245 | — |
| | | 未使用移动互联网的农户 | 0.474 | 0.269 | — | 0.205 |
| | 不高于均值 | 使用移动互联网的农户 | 0.556 | 0.335 | 0.221 | — |
| | | 未使用移动互联网的农户 | 0.411 | 0.230 | — | 0.181 |
| 是否返乡务农人员 | 是 | 使用移动互联网的农户 | 0.582 | 0.346 | 0.236 | — |
| | | 未使用移动互联网的农户 | 0.455 | 0.253 | — | 0.202 |
| | 否 | 使用移动互联网的农户 | 0.586 | 0.355 | 0.231 | — |
| | | 未使用移动互联网的农户 | 0.447 | 0.255 | — | 0.192 |

　　从表 5-7 可以看出，不同年龄的农户使用移动互联网后的小麦新品种采用率均有一定的提高，且移动互联网应用对高年龄层的农户小麦新品种采用的促进作用更强，可能是高年龄层的农户小麦新品种信息渠道少于中低年龄层的农户，所以高年龄层的农户在使用移动互联网后新品种信息渠道的拓展效应明显高于中低年龄层的农户。不同性别的农户使用移动互联网后小麦新品种采用率也显著提升。教育水平高、低两类分组的农户使用移动互联网后的小麦新品种采用率均显著提高，两者差异不大，这说明移动互联网应用对不同受教育年限农户的小麦新品种采用率都有类似影响。小麦种植经验丰富和不足的农户使用移动互联网后的小麦新品种采用率都有一定的提升，但是对小麦种植经验不足农户的促进作用明显高于经验丰富的农户。返乡务农人员和非返乡务农人员使用移动互联网后的小麦新品种采用率都有一定的提升，两者之间差异较小，但是返乡务农人员在使用移动互联网前后的小麦新品种采用率都明显高于非返乡务农人员，说明返乡务农人员能够更好地感知种植小麦新品种带来的优势，并予以采纳。

### 5.6.2 不同家庭特征的差异性分析

不同家庭特征移动互联网应用对农户小麦新品种采用的影响如表5-8所示。

**表5-8 不同家庭特征移动互联网应用对农户小麦新品种采用的影响**

| 特征分组 | 组别 | | 使用移动互联网 | 未使用移动互联网 | ATT | ATU |
|---|---|---|---|---|---|---|
| 家庭人口 | 高于均值 | 使用移动互联网的农户 | 0.581 | 0.343 | 0.238 | — |
| | | 未使用移动互联网的农户 | 0.459 | 0.248 | — | 0.211 |
| | 不高于均值 | 使用移动互联网的农户 | 0.586 | 0.369 | 0.217 | — |
| | | 未使用移动互联网的农户 | 0.433 | 0.259 | — | 0.174 |
| 家庭农业劳动力数量 | 高于均值 | 使用移动互联网的农户 | 0.583 | 0.372 | 0.211 | — |
| | | 未使用移动互联网的农户 | 0.424 | 0.246 | — | 0.178 |
| | 不高于均值 | 使用移动互联网的农户 | 0.584 | 0.343 | 0.241 | — |
| | | 未使用移动互联网的农户 | 0.482 | 0.266 | — | 0.216 |
| 家庭参加农技培训次数 | 高于均值 | 使用移动互联网的农户 | 0.599 | 0.356 | 0.243 | — |
| | | 未使用移动互联网的农户 | 0.474 | 0.268 | — | 0.206 |
| | 不高于均值 | 使用移动互联网的农户 | 0.566 | 0.347 | 0.219 | — |
| | | 未使用移动互联网的农户 | 0.421 | 0.252 | — | 0.169 |

从表5-8中可以看出，家庭人口较多和家庭人口较少的农户使用移动互联网对小麦新品种采用率都有明显的提升，两者之间差异较小，这说明移动互联网应用对不同家庭人口的农户小麦新品种采用都有一定的促进作用。家庭农业劳动力数量较多的农户使用移动互联网后小麦新品种采用率显著提高，家庭农业劳动力数量较少的农户使用移动互联网后的小麦新品种采用率也显著提高。相比而言，家庭农业劳动力数量较少的农户使用移动互联后小麦新品种采用率的提高幅度更大，这可能是因为家庭农业劳动力数量较少的农户使用移动互联网后对小麦新品种认知、评估、决策等过程意

见更加统一，更容易采用小麦新品种。家庭参加农技培训次数较多和较少的农户使用互联网后小麦新品种采用率都有提高，且参加家庭农技培训次数较多的农户在移动互联网使用前后的新品种采用率提升效果更好。可以看出，移动互联网应用对农业技术推广效果具有加成效果，这为如何提升农业技术推广工作效果提供了解决思路。

### 5.6.3 不同经济禀赋的差异性分析

不同经济禀赋移动互联网应用对农户小麦新品种采用的影响，如表5-9所示。

表5-9 不同经济禀赋移动互联网应用对农户小麦新品种采用的影响

| 特征分组 | | 组别 | 使用移动互联网 | 未使用移动互联网 | ATT | ATU |
|---|---|---|---|---|---|---|
| 家庭年收入 | 高于均值 | 使用移动互联网的农户 | 0.586 | 0.355 | 0.231 | — |
| | | 未使用移动互联网的农户 | 0.460 | 0.259 | — | 0.201 |
| | 不高于均值 | 使用移动互联网的农户 | 0.581 | 0.352 | 0.229 | — |
| | | 未使用移动互联网的农户 | 0.449 | 0.252 | — | 0.197 |
| 小麦收入占比 | 高于均值 | 使用移动互联网的农户 | 0.576 | 0.325 | 0.251 | — |
| | | 未使用移动互联网的农户 | 0.491 | 0.271 | — | 0.220 |
| | 不高于均值 | 使用移动互联网的农户 | 0.591 | 0.380 | 0.211 | — |
| | | 未使用移动互联网的农户 | 0.409 | 0.240 | — | 0.169 |
| 小麦种植规模 | 高于均值 | 使用移动互联网的农户 | 0.563 | 0.330 | 0.233 | — |
| | | 未使用移动互联网的农户 | 0.190 | 0.235 | — | 0.190 |
| | 不高于均值 | 使用移动互联网的农户 | 0.615 | 0.379 | 0.236 | — |
| | | 未使用移动互联网的农户 | 0.472 | 0.277 | — | 0.195 |

从表5-9中可以看出，家庭年收入高和低的农户在使用移动互联网后小麦新品种采用率都有显著提升，两者之间差异较小，所以认为移动互联网应用对不同家庭年收入的小麦新品种

采用有着相似的促进效果。小麦收入占比高和低的农户在使用移动互联网后小麦新品种采用程度有显著提高，但是小麦收入占比高的农户在使用移动互联网后小麦新品种采用率明显高于小麦收入占比低的农户。可以看出，小麦收入占比高的农户在使用移动互联网后的小麦新品种采用率更高。小麦种植规模较大和较小的农户在使用移动互联网后小麦新品种采用率都有显著提高。

### 5.6.4 不同社会禀赋的差异性分析

不同社会禀赋的农户移动互联网的平均处理效应差异分析结果，如表5-10所示。

表5-10　不同社会禀赋移动互联网应用对农户小麦新品种采用的影响

| 特征分组 | | 组别 | 使用移动互联网 | 未使用移动互联网 | ATT | ATU |
|---|---|---|---|---|---|---|
| 家庭成员是否担任村干部 | 是 | 使用移动互联网的农户 | 0.596 | 0.366 | 0.230 | — |
| | | 未使用移动互联网的农户 | 0.466 | 0.275 | — | 0.191 |
| | 否 | 使用移动互联网的农户 | 0.583 | 0.357 | 0.226 | — |
| | | 未使用移动互联网的农户 | 0.440 | 0.254 | — | 0.186 |
| 参加合作社情况 | 是 | 使用移动互联网的农户 | 0.643 | 0.422 | 0.221 | — |
| | | 未使用移动互联网的农户 | 0.542 | 0.352 | — | 0.190 |
| | 否 | 使用移动互联网的农户 | 0.556 | 0.313 | 0.243 | — |
| | | 未使用移动互联网的农户 | 0.441 | 0.235 | — | 0.206 |
| 信息获取渠道数量 | 高于均值 | 使用移动互联网的农户 | 0.582 | 0.359 | 0.223 | — |
| | | 未使用移动互联网的农户 | 0.445 | 0.254 | — | 0.191 |
| | 不高于均值 | 使用移动互联网的农户 | 0.586 | 0.357 | 0.229 | — |
| | | 未使用移动互联网的农户 | 0.452 | 0.255 | — | 0.197 |

从表5-10中可以看出，家庭成员有担任村干部和没有担任村干部的农户使用移动互联网后小麦新品种采用率都有显著提高。参

加合作社和未参加合作社的农户使用移动互联网后小麦新品种采用率也都有显著提高，且移动互联网使用后对未参加合作社的农户小麦新品种采用的促进效果更好。这可能是因为未参加合作社农户与同质性农户交流（横向传播）要少于参加合作社的农户，但移动互联网应用弥补了农户间交流少的不足，进而使新品种信息的横向传播得到加强，促进了小麦新品种的采用。而信息渠道较多和较少的农户使用移动互联网后小麦新品种采用率也都有显著提高。

### 5.6.5　不同移动互联网应用强度的差异性分析

为了进一步分析不同移动互联网应用强度对农户小麦新品种采用影响的差异，本章将继续利用内生转换回归模型对高强度（每周使用移动互联网超过 12 小时）和低强度使用移动互联网（每周使用移动互联网不超过 12 小时）的农户的平均处理效应进行分析，结果如表 5 - 11 所示。从结果可以看出，高强度使用移动互联网的农户如果不使用移动互联网则小麦新品种的采用率会降低 24.9 个百分点，低强度使用移动互联网的农户如果不使用移动互联网则小麦新品种的采用率会降低 23.1 个百分点，高强度使用移动互联网的农户小麦新品种采用促进效应略大，说明农户在使用移动互联网后，使用时间的增加能够增加小麦新品种的采用率，但是作用有限。

**表 5 - 11　不同移动互联网应用强度对农户小麦新品种采用的影响**

| 组别 | 使用移动互联网 | 未使用移动互联网 | ATT |
| --- | --- | --- | --- |
| 高强度使用移动互联网的农户 | 0.601 | 0.352 | 0.249 |
| 低强度使用移动互联网的农户 | 0.573 | 0.342 | 0.231 |

## 5.7　本章小结

本章从微观农户角度探究移动互联网应用对农户小麦新品种采

用的影响，以小麦新品种采用情况为被解释变量的内生转换回归模型，利用反事实假设，证明了移动互联网应用对农户小麦新品种的采用有着显著的正向影响。在控制样本选择偏差后综合考虑调研数据的选择偏差和农户异质性的基础上，对小麦新品种采用情况进行分析。结果表明：移动互联网作为重要的信息传播载体，可以显著正向影响农户小麦新品种采用行为。使用移动互联网对不同的个人特征、家庭特征、经济禀赋、社会禀赋的农户采用小麦新品种行为的效果存在差异：对不同年龄的农户小麦新品种采用都有促进效应，特别是高年龄层的农户在使用移动互联网后的小麦新品种采用率上升更明显。同时移动互联网应用能够正向促进农技培训的效果，表现在家庭参加农技培训次数多的农户小麦新品种的采用受移动互联网的促进效果更好。所以，鼓励农户使用移动互联网、更多地进行移动端的农业技术推广应用开发，可以解决广大农村地区小麦新品种推广的难题。

通过本章的实证研究，笔者认为在当前农业现代化发展的重要时期，农户要充分意识到利用现代信息工具的重要性，移动互联网作为低成本、高效率的信息获取工具，在缩小农户"信息鸿沟"中可以发挥重要作用。农户应善于利用移动互联网突破传统信息渠道，获取新知识和新思想。农技推广部门也应善于利用移动互联网应用平台，使培训内容与方式与时俱进，在保证农技推广质量的前提下，增加以移动互联网为主要推广方式的新品种、新技术普及工作，让移动互联网在农业新品种推广过程中发挥更大的作用。

# 第6章　•••
# 移动互联网应用影响农户小麦新品种采用的机制分析

第5章的实证结果表明移动互联网应用对农户小麦新品种的采用行为存在显著的正向影响。本章在探讨移动互联网应用对农户小麦新品种采用影响的基础上，进一步深入剖析移动互联网应用影响农户小麦新品种采用的机制，并通过微观实地调研数据进行验证。本章认为移动互联网应用影响农户小麦新品种采用的机制有以下3类：①移动互联网应用突破农户小麦新品种信息约束的瓶颈，提升农户的信息获取能力，进而促进农户小麦新品种的采用；②移动互联网应用可以提升农户风险感知能力、增加农户收入，避免因信息不对称导致的弱势地位，从而改变其对待小麦新品种种植风险的态度，进而促进农户小麦新品种的采用；③移动互联网应用能够丰富农户种植经验，降低农户小麦新品种种植后的预期损失，提升预期收益，从而促进农户小麦新品种的采用。

## 6.1　问题提出

第一，从小麦新品种的技术扩散角度来看，信息获取能力是小麦新品种推广重要的因素之一，而对小麦新品种的认知水平、信息获取渠道、个人或家庭外部环境特征也是不同农户小麦新品种采用行为差异的重要原因（周小琴，2012）。农户是信息获取与加工的弱势群体，自身能够获取足够农业信息的能力受到一定的限制。农户缺少足够的农业信息或者信息搜寻手段进行信息比对，就会对小麦新品种等相关技术产生严重的认知偏差，这不利于其对小麦新品种的技术扩散。由于农户的受教育水平较低、农村信息基础建设薄弱的特点，农户缺乏主动获取新品种信息的意识，信息获取的主动性不足，这就使信息对其行为决策的指导作用十分有限。在一个新的小麦品种种植早期，人力资本和农户对该品种的种植经验起着重要的作用，但农户在小麦种植过程中的早期经验对该品种种植起到的作用在不断减弱，此时传统农业技术推广和农户间经验交流就会成为农户新品种种植决策的主要因素，然而这种方式通常对小麦新品种扩散加速效果有限，且推广的稳定性不高。所以，在小麦新品种推广的前期，农户的信息渠道、人力资本、农业技术等资源禀赋是影响小麦新品种采用的主要障碍，信息获取渠道影响着农业技术进步的速度，在我国农户普遍缺乏有效的农业技术获取渠道的环境下，深入剖析移动互联网应用对农户小麦新品种采用的全过程的影响机制还少有研究。

第二，在农户生产决策过程中，特别是考虑是否选择新的种植品种时，风险态度起着重要的作用（高杨和牛子恒，2019）。根据微观经济学原理，农户生产的风险态度分为风险厌恶型、风险中立型和风险偏好型，不同类型风险态度的农户对待未来不确定的农业生产风险损失往往有着差异化的生产决策行为（陈宁，2008）。从农户的风险态度来看，新品种对农户来说属于一种未知品种，种植未知品种存在一定的风险性。农户往往会因为收入水平偏低、抗风险能力弱等对待新品种存在较强的风险厌恶性，这也会使农户在生产决策时面对新品种通常表现出消极的采用意愿。对于农户来说，其在使用移动互联网的过程中对小麦新品种有了新的认识，种植意向增强种植新品种风险的顾虑减少。同时，移动互联网应用能够增加农户的总收入和工资性收入（朱秋博，2020），提升农户的风险承受能力，从而改变农户对待新品种的风险态度。而且，移动互联网应用可以丰富农户的种植经验，减少生产决策过程中的不确定因素，从而能够提高农户风险的偏好程度（张世虎和顾海英，2020），这将有助于农户对种植行为进行重新评估，减少农户对新品种采用不确定性的担忧，进而加速农户采用新品种的速度。

第三，农户属于理性经济人，从主观上愿意种植新品种的决定性因素是农户认为种植新品种可以带来更高的收益。更高的预期收益是农户新品种采用行为的前提和基础（赵玉和严武，2016），提升农户的小麦新品种种植预期收益是农业新品种、新技术普及和推广的关键。通常情况下，农户如果对其种植的品种非常熟悉，那么就能够比较好地发挥该品种的种植优势，从而提升农业生产率，但是这一影响效果会随着时间的推进而逐步减弱，直至新品种完全替代旧品种。在小麦新品种种植决策时，这可能是一个过于理想的假设，这反映在许多新品种的显著淘汰率中（Kassie et al.，2014）。一个典型的模型假设是农户通过观察他人的试验来进行农业生产和学习，与"干中学"相比，这增加了信息质量的不确定性，部分原因是农户对关键补充输入的知识（如种植技术、土壤质量）掌握得不准确。因此，农户参与"不完全学习"，并根据信息的价值按比例衡量每一条信息（Zhang et al.，2013）。此外，了解信息联系人的行动细节（如新品种的种植区域等）或信息联系人的信息来源还可以让农户推断出关于生产预期的信息。已有研究表明，现代农户在收益不确定的情况下往往会根据预期收益来做出其认知约束下的最优种植决策（王天穹和于冷，2014）。笔者在河南省调研时发现，影响农户小麦新品种预期收益的主要因素是其他人之前种植小麦新品种的收益情况和个人小麦种植经验的推断。

为了能够准确反映当前移动互联网应用对农户小麦新品种采用研究的过程，本章将结合信息经济学、搜寻理论和农户行为理论，继续利用河南省微观实地调研数据进行针对性的量化分析。本章认为移动互联网应用通过改变信息获取能力、风险态度和预期收益来影响农户小麦新品种采用行为，影响路径如图6-1所示。本章将通过中介效应模型来检验移动互联网应用对农户小麦新品种采用的影响路径，中介效应模型分别使用信息获取能力、风险态度和预期收益指标作为中介变量，以反映移动互联网应用对农户小麦新品种采用的影响机制。

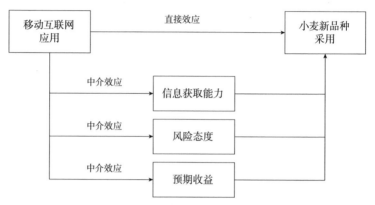

图6-1　移动互联网应用对农户小麦新品种采用的影响路径

## 6.2　模型设定

第5章的实证分析通过内生转换回归模型，验证了移动互联网应用可以显著促进农户小麦新品种采用率，但是无法明确说明移动互联网应用对农户小麦新品种采用的影响机制。想要深入了解移动互联网应用影响农户小麦新品种采用行为的机制还需要进一步检验。为此，本章将借鉴项朝阳等（2020）的分析方法，使用中介效应模型，来深入探究移动互联网应用是如何通过影响信息获取能力、风险态度和预期收益来影响农户小麦新品种的采用。本章按照图如6-2所示的中介效应分析架构（温忠麟和叶宝娟，2014）建立中介效应模型：

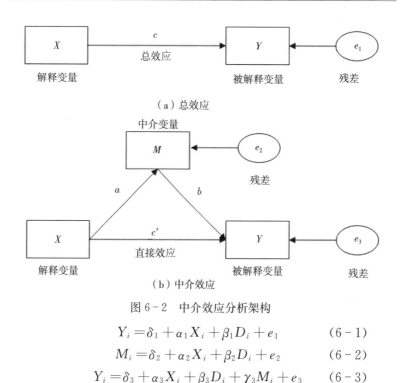

（a）总效应

（b）中介效应

图6-2 中介效应分析架构

$$Y_i = \delta_1 + \alpha_1 X_i + \beta_1 D_i + e_1 \qquad (6-1)$$

$$M_i = \delta_2 + \alpha_2 X_i + \beta_2 D_i + e_2 \qquad (6-2)$$

$$Y_i = \delta_3 + \alpha_3 X_i + \beta_3 D_i + \gamma_3 M_i + e_3 \qquad (6-3)$$

式中，$Y_i$ 为第 $i$ 个农户小麦新品种采用率。$X_i$ 为影响农户 $i$ 小麦新品种采用率的相关因素。$D_i$ 为处理变量，即农户 $i$ 是否使用移动互联网，如果 $D_i = 1$ 则农户 $i$ 使用移动互联网，若 $D_i = 0$ 则农户 $i$ 不使用移动互联网。$M_i$ 为中介变量。$\alpha_j$、$\beta_j$、$\delta_j$（$j=1$，2，3）为待估计参数，其中：$\alpha_1$ 为除移动互联网应用以外影响农户 $i$ 小麦新品种采用率的总效应；$\alpha_2$ 为 $X_i$ 对中介变量的影响；$\alpha_3$ 为移动互联网应用对农户 $i$ 小麦新品种采用率的平均直接效应（average direcf effect，ADE）；$\beta_1$ 为移动互联网应用影响农户 $i$ 小麦新品种采用率的总效应；$\beta_2$ 为移动互联网应用对中介变量的影响；$\beta_3$ 为移动互联网应用对农户 $i$ 小麦新品种采用率的 ADE；$\delta_j$ 为常数项。$\gamma_3$ 为平均中介因果效应（average causal mediation effect，ACEM）。$e_1$、

$e_2$、$e_3$为残差项。当$D_i=1$时，只能够观测到农户使用移动互联网后情况，无法观测到农户没有使用移动互联网后的情况；当$D_i=0$时，只能够观测到农户未使用移动互联网后情况，无法观测到农户使用移动互联网后的情况。

本章的中介效应模型检验采用 Sobel（1982）提出的系数乘积检验方法，给出原假设。

H0：$\beta_2 \cdot \gamma_3 = 0$，当拒绝原假设时，即$\beta_2 \cdot \gamma_3 \neq 0$，便可证明$\beta_2$和$\gamma_3$均显著，则存在中介效应。

通过上述建立的中介效应模型，本章主要从 3 个维度进行分析：一是移动互联网应用是否通过提高信息获取能力来促进农户小麦新品种的采用，被解释变量是农户小麦新品种采用率，中介变量是信息获取能力，解释变量是移动互联网应用情况；二是移动互联网应用是否通过改变风险态度来促进农户小麦新品种的采用，被解释变量是农户小麦新品种采用率，中介变量是风险态度，解释变量是移动互联网应用情况；三是移动互联网应用是否通过增加预期收益来促进农户小麦新品种的采用，被解释变量和解释变量设置与前两个维度一致，中介变量是预期收益情况。

## 6.3　变量定义

移动互联网应用影响农户小麦新品种采用机制的分析变量具体包括被解释变量、核心解释变量、中介变量和控制变量 4 种。本章重点关注核心解释变量为移动互联网应用，中介变量重点考察信息获取能力、风险态度和预期收益 3 个指标。中介效应模型参考已有研究（刘晓倩等，2016；于正松，2018；高杨和牛子恒，2019；刘起林和韩青，2020）对上述变量进行定义和描述，详见表 6 - 1。

## 表 6-1　变量定义与描述

| 变量名称 | 变量定义 |
| --- | --- |
| **被解释变量** | |
| 小麦新品种采用率 | 种植 2017 年 1 月 1 日至 2019 年 12 月 31 日审定的小麦品种比例 |
| **解释变量** | |
| 移动互联网应用情况 | 由移动终端、移动软件应用情况的综合判定来决定（详见 1.4），使用＝1，未使用＝0 |
| **中介变量** | |
| 信息获取能力 | 通过 8 项指标综合测度（详见 6.3.1），取值范围 0、1、2、3、4 |
| 新品种名称信息 | 农户获得新品种名称的情况，取值范围 0、1、2、3、4 |
| 新品种审定信息 | 农户获得新品种审定情况，取值范围 0、1、2、3、4 |
| 新品种特性信息 | 农户获得新品种种植特性情况，取值范围 0、1、2、3、4 |
| 播种技术信息 | 农户获得新品种播种技术情况，取值范围 0、1、2、3、4 |
| 田间管理技术信息 | 农户获得新品种田间管理技术情况，取值范围 0、1、2、3、4 |
| 小麦市场价格信息 | 农户获得小麦市场价格情况，取值范围 0、1、2、3、4 |
| 种子价格信息 | 农户获得小麦种子价格情况，取值范围 0、1、2、3、4 |
| 农药化肥价格信息 | 农户获得小麦农药化肥价格情况，取值范围 0、1、2、3、4 |
| 风险态度 | 通过实验方法测度农户的风险厌恶程度（详见 6.3.2），取值范围 0～1.6 |
| 预期收益 | 通过 5 个指标进行综合测度（详见 6.3.3），取值范围 0、1、2、3、4 |
| 单位面积产量预期 | 新品种可以提升小麦单位面积产量预期程度，取值范围 0、1、2、3、4 |
| 抗逆性预期 | 新品种可以提升小麦抗逆性预期程度，取值范围 0、1、2、3、4 |
| 品质预期 | 新品种可以提升小麦品质预期程度，取值范围 0、1、2、3、4 |

| 变量名称 | 变量定义 |
|---|---|
| 生育期预期 | 新品种具有合适生育期预期程度，取值范围0、1、2、3、4 |
| 投入成本预期 | 新品种可以降低投入成本预期程度，取值范围0、1、2、3、4 |
| **控制变量** | |
| 年龄 | 实际年龄，周岁 |
| 性别 | 1＝男；0＝女 |
| 受教育年限 | 农户受教育年限，年 |
| 小麦种植经验 | 从事小麦种植时间，按照实际数值，年 |
| 是否返乡务农人员 | 城镇返乡专职从事农业生产经营活动，1＝是，0＝否 |
| 家庭人口 | 按照实际数值，人 |
| 家庭农业劳动力数量 | 家庭成员从事农业生产数量，人 |
| 家庭参加农技培训次数 | 按照实际数值，次 |
| 家庭年收入 | 家庭总收入，按照实际数值取自然对数 |
| 小麦收入占比 | 小麦生产收入占家庭总收入比例 |
| 小麦种植规模 | 按照实际亩数取自然对数 |
| 家庭成员是否担任村干部 | 是＝1；否＝0 |
| 参加合作社情况 | 参加＝1；未参加＝0 |
| 信息获取渠道数量 | 获取农业信息渠道数量 |

## 6.3.1 信息获取能力

为了描述农户掌握新品种信息的能力，通过单一指标难以全面反映农户对新品种信息的掌握程度（苑春荟等，2014）。因此，本章从本体信息、种植信息、市场信息设置指标体系，其中本体信息包括农户能够获取到的品种名称、审定日期、品种特点等信息；种植信息包括新品种种植技术信息、田间管理技术信息；市场信息包括各类小麦市场价格信息、种子价格信息、农药和化肥价格信息。本章借助李克特量表的方式为以上 3 组指标按照信息获取能力从弱到强（弱、较弱、中等、较强和强）分别赋值 0、1、2、3、4。以上指标通过农户自我评价获得。在具体测度时，研究将通过因子分析法进行赋权，并通过因子得分得到农户对小麦新品种信息的获取能力（李建国，2012）。本章选用均方差法来确定各类信息获取能力的权重，该方法常用于客观指标的权重集赋值。在研究的模型中将本体信息获取能力、种植信息获取能力、市场信息获取能力的各项测量指标权向量表示为 $\boldsymbol{\omega}_j$（$j=1, 2, \cdots, 8$），且满足

$$\sum_j \boldsymbol{\omega}_j = 1 \qquad (6-4)$$

具体 3 类权重确定方法如下：

$$\bar{D}_j = \frac{1}{n} \sum_{i=1}^{n} D_{ij} \qquad (6-5)$$

$$\sigma_j = \sqrt{\sum_{i=1}^{n} (D_{ij} - \bar{D}_j)^2} \qquad (6-6)$$

$$\boldsymbol{\omega}_j = \frac{\sigma_j}{\sum_{j=1}^{m} \sigma_j} \qquad (6-7)$$

则农户 $i$ 小麦新品种信息获取能力评价值为

$$A_i = \sum_j D_{ij} \cdot \boldsymbol{\omega}_j \qquad (6-8)$$

小麦新品种信息获取能力测度如表 6-2 所示。

**表 6-2　小麦新品种信息获取能力测度**

| 测量变量 | 测量指标 | 代码 | 权重 | 平均值 | 标准差 |
|---|---|---|---|---|---|
| 本体信息<br>获取能力 | 新品种名称信息获取能力 | $D_1$ | 0.149 | 2.262 | 0.871 |
| | 新品种审定信息获取能力 | $D_2$ | 0.107 | 1.864 | 0.632 |
| | 新品种特性信息获取能力 | $D_3$ | 0.105 | 1.928 | 0.628 |

（续）

| 测量变量 | 测量指标 | 代码 | 权重 | 平均值 | 标准差 |
|---|---|---|---|---|---|
| 种植信息获取能力 | 播种技术信息获取能力 | $D_4$ | 0.112 | 1.988 | 0.659 |
| | 田间管理技术信息获取能力 | $D_5$ | 0.099 | 1.553 | 0.583 |
| 市场信息获取能力 | 小麦市场价格信息获取能力 | $D_6$ | 0.151 | 2.896 | 0.881 |
| | 种子价格信息获取能力 | $D_7$ | 0.143 | 2.617 | 0.827 |
| | 农药化肥价格信息获取能力 | $D_8$ | 0.130 | 2.552 | 0.759 |

## 6.3.2 风险态度

本章参考 Liu（2013）的风险态度测度方法，基于前景理论和效用理论，通过实验经济学方法测度农户在新品种决策时的风险态度。农户的效用函数模型如下：

$$U(x,p:y,q)=\begin{cases} g(p) \cdot f(x)+g(q) \cdot f(y)\,, & \text{if } \ x<0<y \\ f(y)+g(p) \cdot [f(x)-f(y)]\,, & \text{else} \end{cases}$$

$$(6-9)$$

其中：

$$g(p)=\mathrm{e}^{-(-\ln p)^{\beta}}$$

$$f(x)=\begin{cases} x^{1-\alpha}\,, & \text{if } \ x>0 \\ -\gamma(-x)^{1-\alpha}\,, & \text{else} \end{cases}$$

式中，$U(x，p：y，q)$ 为农户的效用函数；$f(x)$ 为实值函数，在实验中指一定的奖金金额能够带来的效用；$g(p)$ 为 $p$ 概率在效用函数中的权重，$g(q)$ 为 $q$ 概率在效用函数中的权重；$x$、$y$ 为在实验中同一个选项内两组不同的奖金金额；$\alpha$ 为农户风险厌恶程度，该值越小代表农户的风险态度越激进，反之越保守；$\beta$ 为农户对小概率风险事件的重视程度，该值越小代表农户越不重视小概率事件，行为表现越激进，反之越保守；$\gamma$ 为农户的损失态度，该值越

小代表奖金额减少带来的损失越小于奖金额增加带来的收益，农户
行为表现越愿意冒险，反之越保守。

　　为了获得农户风险厌恶程度的量化区间范围，本章建立了3个
行为实验和6个不等式，在实验过程中农户通过选取红色和蓝色两
种卡牌的方式进行。在实验1中共包含14种选项，策略A有7张
红牌和3张蓝牌，选中红牌获得5元奖励，选中蓝牌获得20元奖
励；策略B有9张红牌和1张蓝牌，选中红牌获得2.5元奖励，选
中蓝牌获得的奖励最低为34元，最高为850元，具体见表6-3。
在实验2中共包含14种选项，策略A有1张红牌和9张蓝牌，选
中红牌获得15元奖励，选中蓝牌获得20元奖励；策略B有3张红
牌和7张蓝牌，选中红牌获得2.5元，选中蓝牌获得的奖励最低为
27元，最高为65元，具体见表6-4。在实验3中包含7种选项，
策略A有5张红牌和5张蓝牌，选中红牌损失2元或者4元，选中
蓝牌获得的奖励最高为12.5元，最低为0.5元，具体见表6-5；
策略B有5张红牌和5张蓝牌，选中红牌最低损失为−10.5元，
最高损失为10元，选中蓝牌获得15元奖励。

**表6-3　农户风险实验回报表**（实验1）

| 编号 | 策略A (7张红牌，3张蓝牌) | | 策略B (9张红牌，1张蓝牌) | |
| --- | --- | --- | --- | --- |
| | 红牌奖励/元 | 蓝牌奖励/元 | 红牌奖励/元 | 蓝牌奖励/元 |
| 1 | 5（70%概率） | 20（30%概率） | 2.5（90%概率） | 34元（10%概率） |
| 2 | 5（70%概率） | 20（30%概率） | 2.5（90%概率） | 37.5元（10%概率） |
| 3 | 5（70%概率） | 20（30%概率） | 2.5（90%概率） | 41.5元（10%概率） |
| 4 | 5（70%概率） | 20（30%概率） | 2.5（90%概率） | 46.5元（10%概率） |
| 5 | 5（70%概率） | 20（30%概率） | 2.5（90%概率） | 53元（10%概率） |
| 6 | 5（70%概率） | 20（30%概率） | 2.5（90%概率） | 62.5元（10%概率） |
| 7 | 5（70%概率） | 20（30%概率） | 2.5（90%概率） | 75元（10%概率） |
| 8 | 5（70%概率） | 20（30%概率） | 2.5（90%概率） | 92.5元（10%概率） |

（续）

| 编号 | 策略 A (7 张红牌，3 张蓝牌) | | 策略 B (9 张红牌，1 张蓝牌) | |
|---|---|---|---|---|
| | 红牌奖励/元 | 蓝牌奖励/元 | 红牌奖励/元 | 蓝牌奖励/元 |
| 9 | 5（70％概率） | 20（30％概率） | 2.5（90％概率） | 110 元（10％概率） |
| 10 | 5（70％概率） | 20（30％概率） | 2.5（90％概率） | 150 元（10％概率） |
| 11 | 5（70％概率） | 20（30％概率） | 2.5（90％概率） | 200 元（10％概率） |
| 12 | 5（70％概率） | 20（30％概率） | 2.5（90％概率） | 300 元（10％概率） |
| 13 | 5（70％概率） | 20（30％概率） | 2.5（90％概率） | 500 元（10％概率） |
| 14 | 5（70％概率） | 20（30％概率） | 2.5（90％概率） | 850 元（10％概率） |

**表 6-4　农户风险实验回报表**（实验 2）

| 编号 | 策略 A (1 张红牌，9 张蓝牌) | | 策略 B (3 张红牌，7 张蓝牌) | |
|---|---|---|---|---|
| | 红牌奖励/元 | 蓝牌奖励/元 | 红牌奖励/元 | 蓝牌奖励/元 |
| 1 | 15（10％概率） | 20（90％概率） | 2.5（30％概率） | 27（70％概率） |
| 2 | 15（10％概率） | 20（90％概率） | 2.5（30％概率） | 28（70％概率） |
| 3 | 15（10％概率） | 20（90％概率） | 2.5（30％概率） | 29（70％概率） |
| 4 | 15（10％概率） | 20（90％概率） | 2.5（30％概率） | 30（70％概率） |
| 5 | 15（10％概率） | 20（90％概率） | 2.5（30％概率） | 31（70％概率） |
| 6 | 15（10％概率） | 20（90％概率） | 2.5（30％概率） | 32.5（70％概率） |
| 7 | 15（10％概率） | 20（90％概率） | 2.5（30％概率） | 34（70％概率） |
| 8 | 15（10％概率） | 20（90％概率） | 2.5（30％概率） | 36（70％概率） |
| 9 | 15（10％概率） | 20（90％概率） | 2.5（30％概率） | 38.5（70％概率） |
| 10 | 15（10％概率） | 20（90％概率） | 2.5（30％概率） | 41.5（70％概率） |
| 11 | 15（10％概率） | 20（90％概率） | 2.5（30％概率） | 45（70％概率） |
| 12 | 15（10％概率） | 20（90％概率） | 2.5（30％概率） | 50（70％概率） |
| 13 | 15（10％概率） | 20（90％概率） | 2.5（30％概率） | 56（70％概率） |
| 14 | 15（10％概率） | 20（90％概率） | 2.5（30％概率） | 65（70％概率） |

**表6-5　农户风险实验回报表**（实验3）

| 编号 | 策略A (5张红牌，5张蓝牌) | | 策略B (5张红牌，5张蓝牌) | |
| --- | --- | --- | --- | --- |
| | 红牌奖励/元 | 蓝牌奖励/元 | 红牌奖励/元 | 蓝牌奖励/元 |
| 1 | -2（50%概率） | 12.5（50%概率） | -10（50%概率） | 15（50%概率） |
| 2 | -2（50%概率） | 2（50%概率） | -10（50%概率） | 15（50%概率） |
| 3 | -2（50%概率） | 0.5（50%概率） | -10（50%概率） | 15（50%概率） |
| 4 | -2（50%概率） | 0.5（50%概率） | -8（50%概率） | 15（50%概率） |
| 5 | -4（50%概率） | 0.5（50%概率） | -8（50%概率） | 15（50%概率） |
| 6 | -4（50%概率） | 0.5（50%概率） | -7（50%概率） | 15（50%概率） |
| 7 | -4（50%概率） | 0.5（50%概率） | -5.5（50%概率） | 15（50%概率） |

　　进行风险态度实验时，实验人员会征求农户的意见，由农户自行选择策略A或策略B（一次只能选择一种）。通常在实验初期，农户会先选择策略A，然后随着策略B的收益提升，农户会逐步由选择策略A转换至选择策略B，在这个实验过程中，实验人员会记录农户由选择策略A转换至选择策略B的实验序号。在实验中，风险厌恶程度高的农户从选择策略A转换至选择策略B的时间要晚于风险厌恶程度低的农户，在每个实验中只允许农户有且只有一次机会从选择策略A转换至选择策略B，但是可以始终选择策略A或者策略B。

　　本研究会根据实验人员记录的农户跳转编号，利用不等式比较农户在切换策略前后的奖励与概率差异，计算出农户的风险厌恶程度 $\alpha$ 值。例如，某农户在3组实验中，分别在编号6、编号8和编号4处跳转，那么对应的估算不等式为

$$5^{1-\alpha} + e^{-(-\ln 0.3)\beta} \cdot (20^{1-\alpha} - 5^{1-\alpha}) >$$
$$2.5^{1-\alpha} + e^{-(-\ln 0.1)\beta} \cdot (53^{1-\alpha} - 2.5^{1-\alpha}) \quad (6-10)$$

$$5^{1-\alpha} + e^{-(-\ln 0.3)^\beta} \cdot (20^{1-\alpha} - 5^{1-\alpha}) <$$
$$2.5^{1-\alpha} + e^{-(-\ln 0.1)^\beta} \cdot (62.5^{1-\alpha} - 2.5^{1-\alpha}) \quad (6-11)$$
$$15^{1-\alpha} + e^{-(-\ln 0.9)^\beta} \cdot (20^{1-\alpha} - 15^{1-\alpha}) >$$
$$2.5^{1-\alpha} + e^{-(-\ln 0.7)^\beta} \cdot (34^{1-\alpha} - 2.5^{1-\alpha}) \quad (6-12)$$
$$15^{1-\alpha} + e^{-(-\ln 0.9)^\beta} \cdot (20^{1-\alpha} - 15^{1-\alpha}) <$$
$$2.5^{1-\alpha} + e^{-(-\ln 0.7)^\beta} \cdot (36^{1-\alpha} - 2.5^{1-\alpha}) \quad (6-13)$$
$$0.5^{1-\alpha} \, e^{-(-\ln 0.5)^\beta} - \gamma(2^{1-\alpha}) \cdot e^{-(-\ln 0.5)^\beta} >$$
$$15^{1-\alpha} \, e^{-(-\ln 0.5)^\beta} - \gamma(10^{1-\alpha}) \cdot e^{-(-\ln 0.5)^\beta} \quad (6-14)$$
$$0.5^{1-\alpha} \, e^{-(-\ln 0.5)^\beta} - \gamma(2^{1-\alpha}) \cdot e^{-(-\ln 0.5)^\beta} <$$
$$15^{1-\alpha} \, e^{-(-\ln 0.5)^\beta} - \gamma(8^{1-\alpha}) \cdot e^{-(-\ln 0.5)^\beta} \quad (6-15)$$

### 6.3.3 预期收益

农户在种植新品种前的预期收益是本章重点考察的中介变量。为了对农户的预期收益进行测度，本章将从农户对新品种的单位面积产量、抗逆性（抗病性、抗倒伏、抗旱性等）、品质、生育期和投入成本预期5个方面进行综合评价（于正松等，2018）。数据调研时参照李克特量表的方式将以上5组指标分别按照预期程度从弱到强分为5个量级，计为0＝非常小、1＝比较小、2＝一般、3＝比较大和4＝非常大，由农户自评得出，具体综合评价方法与信息获取能力变量相同。小麦新品种预期收益测度如表6-6所示。

**表6-6　小麦新品种预期收益测度**

| 测量指标 | 代码 | 权重 | 平均值 | 标准差 |
| --- | --- | --- | --- | --- |
| 新品种可以提升单位面积产量 | $E_1$ | 0.261 | 2.242 | 0.903 |
| 新品种可以提升小麦抗逆性 | $E_2$ | 0.173 | 1.814 | 0.599 |
| 新品种可以提升小麦品质 | $E_3$ | 0.172 | 1.862 | 0.595 |

（续）

| 测量指标 | 代码 | 权重 | 平均值 | 标准差 |
|---|---|---|---|---|
| 新品种具有合适的生育期 | $E_4$ | 0.166 | 1.565 | 0.574 |
| 新品种可以降低投入成本 | $E_5$ | 0.228 | 2.195 | 0.789 |

## 6.4　数据来源与描述性分析

### 6.4.1　数据来源

本章实证数据来源于河南省 2020 年 11—12 月的小麦种植农户实地调研，调研人员为中国农业大学研究生与河南省益农信息社信息员。河南省是中国小麦生产大省，小麦播种面积占全国 20% 以上，居全国第一。在实地调查时，考虑到农户的年龄较大、文化水平有限等因素，调查人员为接受过培训的研究生和专业从事农村信息服务的工作人员，在调查问卷中配上直观的图片以帮助农户能够快速、准确地完成答卷。调查问卷包含河南省小麦主要种植区的农户问卷和乡村问卷，通过整理、筛选，最终确认 698 份调查问卷作为实证分析样本。

本章涉及的"风险态度"实验为农户互动实验，在调查人员说明实验规则后按照农户意愿进行选择。为了鼓励农户积极参与实验并得到真实的结果，在实验结束后每位参与的农户会获得一定的实验奖金。

### 6.4.2　描述性分析

#### 1. 农户信息获取能力的描述性统计

从小麦新品种的本体信息、种植信息、市场信息 3 类指标体系，综合测度得到 698 名农户的信息获取能力评价结果。所有农户信息获取能力评分平均值为 2.263，标准差为 0.416。将 698 名农户的信息获取能力按照评分区间的频数进行统计，如图6-3所示，横坐标为信息获取能力评分，纵坐标为每0.1评分区间农户数量。从图6-3可以看出，信息获取能力评分呈中间高两边低的正态分布特征，在［2，2.5］区间的农户数量占总农户数量的47.6%，说明绝大部分农户的信息获取能力集中在均值附近。

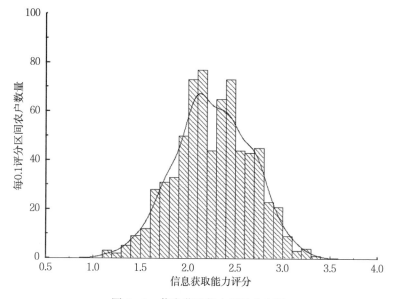

图6-3　信息获取能力频数分布图

对每位农户的8项信息获取能力测量指标进行分析，绘制均值标准差控制图，如图6-4所示。均值标准差控制图分为上、下两部分，上部分为均值图，下部分为标准差图，分别可以判断农户各项信息获取能力测量指标均值和标准差的稳定程度。图6-4中，CL为中心线（central line），UCL为上控制线（upper control line），LCL为下控制线（lower control line）。从结果看，所有农户的信息获取能力各项测量指标基本都稳定在上、下控制线内。

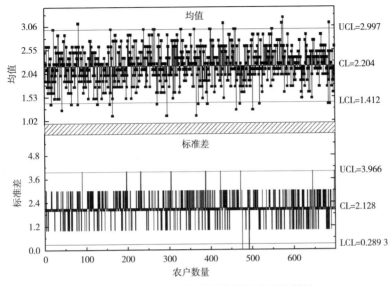

图 6-4 信息获取能力的均值标准差控制图

**2. 农户风险态度的描述性统计**

在农户风险态度实验中，调研人员记录了所有农户在 3 次实验过程中由策略 A 转到策略 B 的编号。在 3 次实验中，从不切换策略（一直选择策略 A）的农户分别记为 15、15、8，共计 36 个，占比 5.16%；一开始就切换策略（一直选择策略 B 的）农户分别记为 1、1、1，共计 24 个，占比 3.44%。将 3 次实验转换编号都相同的农户数量进行汇总，得到风险态度实验转换编号分布图，如图 6-5 所示。图 6-5 中，三轴坐标分别代表 3 次实验转换的编号，以球的体积大小和颜色深浅来表示在该点选择转换编号的农户数量，即具有相同风险态度的农户数量。该实验结果与行为经济学文献的结果基本一致（Bulkley et al.，1997）。

风险厌恶程度 $\alpha$ 是本章重点研究的中介变量，风险态度测度实验重点关注 $\alpha$ 的数值。本章按照不等式区间的中值进行测算，可以

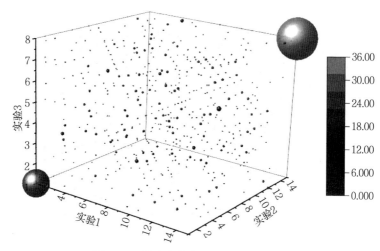

图 6-5  风险态度实验转换编号分布图

得到 $\alpha$ 的估计值。通过测算的风险厌恶程度 $\alpha$ 的取值范围为 $[-0.6, 1]$，为了后续计算方便，本章将 $\alpha$ 值整体向右平移 0.6 个单位，取值范围变为 $[0, 1.6]$，即 $\alpha \in [0, 0.6]$ 时，农户为风险偏好型，否则为风险厌恶型。为了能够通过式（6-10）~式（6-15）高效地计算出 $\alpha$ 值，本章使用数值逼近方法（Kincaid et al., 2002）以 0.01 个单位为步长，在 $[0, 1.6]$ 范围内搜寻满足不等式条件的上限和下限，698 位农户风险态度测度结果的分布如图 6-6 所示。从图 6-6 可以看出，样本中农户整体风险厌恶程度的平均值为 0.811，标准差为 0.409。从农户风险厌恶程度的区间分布来看，在 $\alpha \in [0, 0.6]$ 区间的农户数量为 232 户，占比约为 33.2%；在 $\alpha \in (0.6, 1.6]$ 区间的农户数量为 466 户，占比约为 66.8%。该结果说明，大多数农户的风险态度属于风险厌恶型。对风险厌恶型农户的风险厌恶程度进一步分析：在 $\alpha \in (0.6, 0.9]$ 区间的农户数量为 179 户，约占 38.4%；在 $\alpha \in (0.9, 1.2]$ 区间的农户数量为 166 户，约占 35.6%；在 $\alpha \in (1.2, 1.6]$ 区间的农户有 121 户，约占 26.0%。该结果说明较高风险厌恶型、中等风险厌恶型和较低风险厌恶型农户的数量分布比较均匀，该结果与高杨和牛子恒（2019）的研究结果相近，说明通过数值逼近方法对农户风险态度的测度结果具有可靠性。

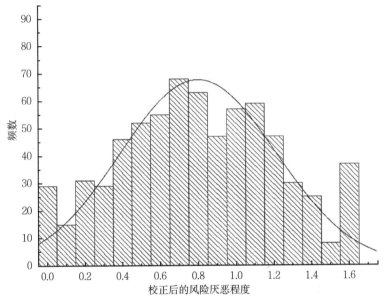

图 6-6　风险厌恶程度频数分布图

### 3. 农户新品种预期收益的描述性统计

农户新品种的预期收益测量指标得分从高到低依次为 $E_1$、$E_5$、$E_3$、$E_2$、$E_4$，前三位分别是新品种可以提升单位面积产量、新品种可以降低投入成本和新品种可以提升小麦品质，这说明农户对新品种能够提质增效的预期达成共识，也反映了农户对当前种植品种"质"和"量"提升的期望。多年小麦投入产出效益不高，为农户对小麦种植积极性产生消极影响留下了隐患。预期收益 5 项测量指标的箱线分布图如图 6-7 所示。

预期收益综合评分分布图如图 6-8 所示，从整体看农户预期

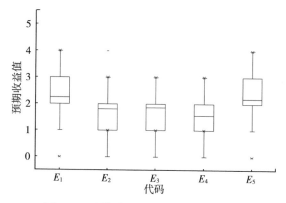

图 6-7  预期收益各项测量指标箱线图

注：农户的每个预期收益测量指标的分布用箱体和线段表示，底部条对应的是测量指标去除离群点后的最小值，而顶部条是测量指标去除离群点后的最大值。中间箱体部分底端是样本的 25 分位回归值，箱体顶部是样本的 75 分位回归值，箱体中间横线为样本平均值。

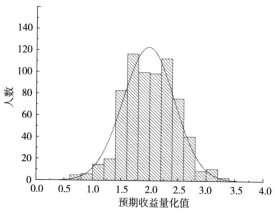

图 6-8  预期收益综合评分分布图

收益的平均值为 2.004，标准差为 0.436，说明农户对新品种的预期收益偏中性，从侧面可以反映当前农业技术推广的力度不足，农户对种植小麦新品种带来的收益提升预期不足。

### 4. 核心变量分组描述性统计

核心变量分组描述性统计如表6-7所示。从影响小麦新品种采用行为的路径看，使用移动互联网的农户信息获取能力和预期收益均高于未使用移动互联网的农户，且对待新品种风险的厌恶程度要小于未使用移动互联网的农户。从直观上看，移动互联网应用与农户新品种的信息获取能力、预期收益呈正向相关关系，与农户风险厌恶程度呈负相关关系。但是移动互联网应用与上述各项中介变量具体的互动关系尚不明确，其对新品种采用率的作用机理有待进一步论证。

**表6-7　核心变量分组描述性统计**

| 变量名称 | 总样本 | | 使用移动互联网 | | 未使用移动互联网 | |
|---|---|---|---|---|---|---|
| | 均值 | 标准差 | 均值 | 标准差 | 均值 | 标准差 |
| **被解释变量** | | | | | | |
| 小麦新品种采用率 | 0.454 | 0.312 | 0.584 | 0.252 | 0.254 | 0.233 |
| **中介变量** | | | | | | |
| 信息获取能力 | 2.263 | 0.416 | 2.513 | 0.307 | 1.782 | 0.321 |
| 风险态度 | 0.811 | 0.409 | 0.684 | 0.331 | 1.008 | 0.352 |
| 预期收益 | 2.004 | 0.436 | 2.247 | 0.317 | 1.630 | 0.314 |

## 6.5　实证结果分析

从本章的分析结果可知，农户小麦新品种采用行为可能受到信息获取能力、风险态度和预期收益的影响。

第一，信息获取意识是信息获取行为在人们头脑中的自觉认识，也是信息获取价值和作用的反映。信息加工理论认为（周蕾等，2014），人的认知过程是人脑对信息加工使用的过程，通过人的经验、心理对信息进行处理，并利用处理后的信息来指导个人行为或者决策。信息获取是信息加工的"源泉"，对农户认知、决策具有决定性的作用。信息获取能力的提升是促进农业新技术扩散的重要途径，通常不同的信息获取渠道对小麦新品种技术的扩散影响存在差异，对农户新品种信息获取能力提升显著的信息获取方式，对农户新品种采用行为有更大的影响。

第二，农户所保持的风险态度会直接影响到小麦新品种的采用意愿（高瑛等，2017），农户在种植新品种时受技术风险、种植经验、自然灾害等影响，在使用新品种投入生产时，往往要比种植旧品种面临更大的收益不确定性。移动互联网应用能够让农户感知更全面的风险信息，这些信息将有助于农户对种植行为进行重新评估，减少农户对新品种采用不确定性的担忧，进而改变农户对待新品种的风险态度。

第三，农户属于理性经济人，在生产决策时更倾向于选用预期收益更高的小麦品种进行种植，进而影响其新品种的采用行为。根据第4章的理论分析，农户采用新品种、新技术的最直接动力是收益的提高，因此农户从主观上是否愿意种植新品种的决定性因素是新品种是否可以带来更高的收益。通过使用移动互联网，农户在掌握更多的农产品种植、市场等信息后，可以更加了解种植小麦投入和产出的价格，了解投入使用条件下的产出（Hayami et al.，1970），过去的盈利能力（Haile et al.，2014），或新品种种植时投入的最佳组合方案（Foster et al.，2010；Maertens et al.，2013）。在后一种情况下，"目标投入"模型假设对于所有农户来说，新品种"优于"旧品种的条件是获得正确的投入选择。

鉴于此，本章检验了信息获取能力、风险态度和预期收益在移动互联网应用影响农户小麦新品种采用行为中发挥的中介效应。不同影响机制方程的结果显示，信息获取能力、风险态度和预期收益在移动互联网应用促进农户小麦新品种采用过程中产生了显著的正向影响，且都通过了 Sobel 检验。在3个中介变量中，预期收益的作用效果最大，风险态度的作用效果最小。具体结果如表6-8所示，

表6-8 移动互联网应用对农户小麦新品种采用影响机制分析结果

| 变量名称 | 模型1: 小麦新品种采用率 | 模型2: 信息获取能力 | | 模型3: 风险厌恶 | | 模型4: 预期收益 | |
|---|---|---|---|---|---|---|---|
| | | 信息获取能力评价值 | 小麦新品种采用率 | 风险厌恶程度 | 小麦新品种采用率 | 预期收益指标 | 小麦新品种采用率 |
| 是否使用移动互联网 | 0.329*** | 0.922*** | 0.297*** | -0.347*** | 0.301*** | 0.617*** | 0.264*** |
| | (0.009) | (0.024) | (0.016) | (0.022) | (0.010) | (0.024) | (0.012) |
| 信息获取能力 | | | 0.036** | | | | |
| | | | (0.014) | | | | |
| 风险态度 | | | | | -0.082*** | | |
| | | | | | (0.015) | | |
| 预期收益 | | | | | | | 0.105*** |
| | | | | | | | (0.013) |
| 控制变量 | 已控制 | 已控制 | 已控制 | 已控制 | 已控制 | 已控制 | 已控制 |
| F值 | 98.159*** | 108.082*** | 92.730*** | 16.786*** | 97.510*** | 44.674*** | 104.095*** |
| ACEM | | 0.032 | | 0.028 | | 0.065 | |
| 中介效应占总效应的比例 | | 9.97% | | 8.63% | | 19.80% | |
| Sobel检验 | | 0.033** | | 0.028*** | | 0.065*** | |
| | | (0.013) | | (0.005) | | (0.008) | |
| 样本量 | | | | 698 | | | |

注：***、**、*分别表示在1%、5%、10%水平差异显著。括号内数据为标准误差。

模型 1 为移动互联网应用对农户小麦新品种采用影响的直接作用机制，该结果与第 5 章结论基本一致。

## 6.5.1 信息获取能力的中介效应

移动互联网应用使农户的农业技术资源网络得到扩展，农户能够更加便利地获得到专业的新品种信息和种植技术指导。农户通过移动互联网获取新品种信息的数据量越多、越全面，对新品种高产性、稳定性、实用性的感知越强烈，就越容易采用并种植新品种。所以，信息获取能力是影响农户小麦新品种采用行为的重要途径之一（闫迪和郑少锋，2020）。在表 6-8 中，模型 2 中的信息获取能力回归结果表示，在控制农户个人、家庭等因素后，移动互联网应用能够显著促进信息获取能力的提高，即移动互联网应用能够提升信息获取能力。

往往具有较强信息获取能力的农户能够获得更多的资源与知识，从而减少信息搜寻和种植实验等所用的时间。较强的信息获取能力可以使农户通过各类农业信息，更容易意识到通过审定的新品种具有独特的种植优势，进而影响农户种植新的小麦品种。模型 2 中的小麦新品种采用率回归结果表示，移动互联网应用和信息获取能力的提升都可以显著地正向影响小麦新品种采用。模型 2 与模型 1 相比，移动互联网应用的影响系数出现了变化，即在控制了移动互联网应用变量后，信息获取能力的增加能够进一步提升小麦新品种的采用率，也就是说信息获取能力是影响本章所关注被解释变量（小麦新品种采用率）的主要途径之一。一方面，农户从移动互联网获取新品种相关信息所花费的经济成本较低，信息能够高效地从源头传播至农户端；另一方面，农户从移动互联网能够便利地获取到新品种信息，一定程度可提升农户掌握新品种种植技术的速度，减少农户学习新种植技术的时间成本。这两方面促使农户更加愿意采用新的小麦品种。

进一步看，模型 2 的总效应为 0.329，ACEM 为 0.032，中介效应占总效应的比例为 9.97％。这说明，移动互联网应用可以通过提升信息获取能力来促进农户小麦新品种采用，假说 H2 得到验证。

## 6.5.2　风险态度的中介效应

风险态度是影响农户新品种采用行为的重要途径之一（赵佳佳等，2017）。在表 6 - 8 中，模型 3 中的风险厌恶程度回归结果表示，移动互联网应用对风险厌恶程度在 1％的水平呈显著负相关关系，即移动互联网应用能够显著降低农户对种植小麦新品种的厌恶感。模型 3 中的小麦新品种采用率回归结果表示，移动互联网应用在 5％的水平正向显著影响小麦新品种采用率，影响系数为 0.301；风险厌恶程度则在 1％的水平负向显著影响小麦新品种采用率，影响系数为 -0.082。因为风险厌恶程度越高的农户通常会想尽一切方法规避风险的发生，最直接的做法就是不做任何改变，选择最熟悉的旧品种。模型 3 与模型 1 相比，移动互联网应用的影响系数也发生了较显著的变化，说明风险厌恶程度也是影响农户小麦新品种采用行为的主要途径之一。进一步分析结果显示，模型 3 的总效应为 0.329，ACEM 为 0.028，中介效应占总效应的比例为 8.63％。这表示有 8.63％的效应影响是由风险态度的路径作用于移动互联网应用对农户小麦新品种采用的影响之上，当农户使用移动互联网时，其能够掌握更多关于新品种种植相关的风险信息，降低因不确定性因素造成的影响，从而降低风险厌恶程度，进而促进小麦新品种的采用。这说明，移动互联网应用可以通过改变风险态度来促进农户小麦新品种的采用，假说 H3 得到验证。

## 6.5.3　预期收益的中介效应

根据第 4 章的理论分析，农户从事农业生产使用新品种、新技术的最直接动力是收益的提高。农户从主观上是否愿意种植新品种的决定性因素是种植新品种的预期收益是否更高。所以，预期收益是影响农户小麦新品种采用行为的重要途径之一（王学婷等，2018）。在表6-8中，模型4是预期收益在移动互联网影响新品种采用行为中的中介效应结果。总体来说，移动互联网应用和预期收益对农户小麦新品种采用行为都有显著的正向效应，并且移动互联网应用概率越高则预期收益越高。这是因为，农户通过移动互联网与专家、其他农户交流的机会越多，获取纵向和横向信息（定义详见第3章）的概率越大，其自身的信息网络资源就越丰富，受其他已种植新品种农户的影响也就越大。相对于专家，农户更容易受到其他已经种植新品种农户的影响（通过新审定的主推品种往往更具备效益优势），特别是产生正收益的农户，所以未种植新品种的农户对种植新品种的预期收益也越容易提高。而对于未使用移动互联网的农户来说，因信息渠道、信息传递效率等因素的影响，很难通过便利的方式全面了解他人种植新品种后的优势，从而缺乏种植新品种对预期收益提升的认知。所以，移动互联网应用可以使农户对小麦新品种的单位面积产量提升情况、抗逆性提升情况、品质提升情况、生育期适宜性和投入成本降低情况有更深入的了解，从而可以提升预期收益。在控制移动互联网应用变量后，中介变量预期收益对农户小麦新品种采用行为在1％的水平呈显著正相关关系，因为农户对增收的渴求，希望从新品种中获得更高的收益，故采用新品种的意愿更加强烈。

进一步分析结果显示，模型4的总效应为0.329，ACEM为0.065，中介效应占总效应的比例为19.80％，即移动互联网应用对农户小麦新品种采用的影响有19.80％是通过预期收益的影响来实现的。这表明，移动互联网应用可以通过提升预期收益来促进农户小麦新品种的采用，假说H4得到验证。

## 6.6 基于农户异质性的分析

不同农户对信息的需求、认知能力等都存在明显的差异，因此其使用移动互联网的效果也应该存在差异。为进一步深入分析不同特征农户间，移动互联网应用对小麦新品种采用影响机制的差异，本节主要按照年龄、受教育年限、小麦种植经验、家庭参加农技培训次数和小麦种植规模对农户进行分组，并以平均值作为阈值，以期厘清移动互联网应用对农户小麦新品种采用行为的影响机制差异，进而为农业创新技术推广提供理论依据。

表 6-9 为移动互联网应用对不同分组农户小麦新品种采用的影响机制分析结果。

**表 6-9　移动互联网应用对农户小麦新品种采用的影响机制分析结果**

| 分组 | 效应类型 | 信息获取能力评价值 | 风险厌恶程度 | 预期收益指标 | 中介效应占总效应的比例/% | | |
| --- | --- | --- | --- | --- | --- | --- | --- |
| | | | | | 信息获取能力评价值 | 风险厌恶程度 | 预期收益指标 |
| 高年龄组 | ACEM | 0.037 | 0.033 | 0.073 | | | |
| | ADE | 0.317 | 0.321 | 0.282 | 10.54 | 9.29 | 20.66 |
| | 总效应 | 0.354 | 0.354 | 0.354 | | | |
| 低年龄组 | ACEM | 0.028 | 0.023 | 0.055 | 9.62 | 8.13 | 19.01 |
| | ADE | 0.261 | 0.265 | 0.233 | | | |
| | 总效应 | 0.288 | 0.288 | 0.288 | | | |
| 高受教育年限组 | ACEM | 0.034 | 0.029 | 0.069 | | | |
| | ADE | 0.309 | 0.314 | 0.274 | 9.78 | 8.85 | 20.11 |
| | 总效应 | 0.343 | 0.343 | 0.343 | | | |
| 低受教育年限组 | ACEM | 0.032 | 0.026 | 0.062 | | | |
| | ADE | 0.282 | 0.288 | 0.252 | 10.18 | 8.38 | 19.65 |
| | 总效应 | 0.314 | 0.314 | 0.314 | | | |

（续）

| 分组 | 效应类型 | 信息获取能力评价值 | 风险厌恶程度 | 预期收益指标 | 中介效应占总效应的比例/% | | |
| --- | --- | --- | --- | --- | --- | --- | --- |
| | | | | | 信息获取能力评价值 | 风险厌恶程度 | 预期收益指标 |
| 小麦种植经验丰富组 | ACEM | 0.036 | 0.031 | 0.071 | | | |
| | ADE | 0.313 | 0.318 | 0.278 | 10.28 | 8.76 | 20.40 |
| | 总效应 | 0.349 | 0.349 | 0.349 | | | |
| 小麦种植经验欠丰富组 | ACEM | 0.030 | 0.026 | 0.058 | | | |
| | ADE | 0.279 | 0.282 | 0.250 | 9.82 | 8.52 | 18.95 |
| | 总效应 | 0.308 | 0.308 | 0.308 | | | |
| 经常参加农技培训组 | ACEM | 0.035 | 0.028 | 0.068 | | | |
| | ADE | 0.306 | 0.313 | 0.273 | 10.19 | 8.25 | 20.08 |
| | 总效应 | 0.341 | 0.341 | 0.341 | | | |
| 较少参加农技培训组 | ACEM | 0.031 | 0.029 | 0.062 | | | |
| | ADE | 0.288 | 0.290 | 0.257 | 9.83 | 9.04 | 19.59 |
| | 总效应 | 0.319 | 0.319 | 0.319 | | | |
| 大规模种植组 | ACEM | 0.030 | 0.027 | 0.059 | | | |
| | ADE | 0.287 | 0.290 | 0.258 | 9.53 | 8.47 | 18.65 |
| | 总效应 | 0.317 | 0.317 | 0.317 | | | |
| 小规模种植组 | ACEM | 0.035 | 0.030 | 0.072 | | | |
| | ADE | 0.304 | 0.309 | 0.267 | 10.29 | 8.95 | 21.31 |
| | 总效应 | 0.339 | 0.339 | 0.339 | | | |

在不同年龄分组中，高年龄组中 3 个中介变量的 ACEM 分别为 0.037、0.033 和 0.073，占总效应的比例分别为 10.54%、9.29% 和 20.66%；而在低年龄组中，中介效应占总效应的比例分别为 9.62%、8.13% 和 19.01%。该分组结果显示，高年龄组的农户信息获取能力、风险态度和预期收益的中介效应明显高于低年龄组农户。这说明，移动互联网应用能够有效通过提升高年龄组农户

的信息获取能力、降低风险厌恶程度和提升预期收益的路径来促进小麦新品种的采用，这也对当前解决农村地区从事小麦生产农户的老龄化问题提供了重要的实证基础。

在不同受教育年限的分组中，高受教育年限组中 3 个中介变量的 ACEM 分别为 0.034、0.029 和 0.069，中介效应占总效应的比例分别为 9.78%、8.85% 和 20.11%；而在低受教育年限组中，中介效应占总效应的比例分别为 10.18%、8.38% 和 19.65%。可以看出，高受教育年限组风险态度和预期收益的中介效应明显高于低受教育年限组，这是因为高受教育年限组的农户信息认知、分析能力普遍要高于低受教育年限组的农户，在掌握更多信息后，能否对信息认知、分析是促进小麦新品种采用的关键，且高受教育年限组的农户学习能力更强，移动互联网应用可以为其提供更多的学习与对比机会，当其了解到更多新品种的优势后便会更加愿意采用新品种。低受教育年限组信息获取能力的中介效应高于高受教育年限组，这是因为低受教育年限组的农户往往属于农业信息传播过程中的弱势群体，而移动互联网可以为其带来更多的信息，所以其通过使用移动互联网来提升自身信息获取能力以促进小麦新品种采用行为的效应更强，这也充分说明移动互联网应用能够使农户突破"信息鸿沟"，打破因文化教育水平限制的信息获取能力对新品种采用的阻碍，对解决低受教育年限组的农户信息获取能力提升和农业技术推广问题有着重要的现实意义。

在不同小麦种植经验分组中，小麦种植经验丰富组中 3 个中介变量的 ACEM 分别为 0.036、0.031 和 0.071，中介效应占总效应的比例分别为 10.28%、8.76% 和 20.40%；而在小麦种植经验欠丰富组中，中介效应占总效应的比例分别为 9.82%、8.52% 和 18.95%。可以看出，小麦种植经验丰富组的农户受中介变量影响程度较大，这说明移动互联网应用过程中对于小麦种植经验丰富组的农户来说，通过降低风险厌恶程度、提升信息获取能力和预期收益路径来促进新品种采用的路径作用更强。

在不同农技培训参与情况的分组中，经常参加农技培训组中 3 个中介变量的 ACEM 分别为 0.035、0.028 和 0.068，中介效应占总效应的比例分别为 10.19%、8.25% 和 20.08%；而较少参加农技培训组中，中介效应占总效应的比例分别为 9.83%、9.04% 和 19.59%。可以看出，较少参加农技培训组的风险态度中介效应明显高于经常参加农技培训组。这是因为经常参加农技培训组的农户通过与推广人员、专家的交流学习能更多地了解种植新品种带来的风险情况，以及规避该类风险的方法。农技培训为一种专业性技术交流方式，是提升种植经验非常重要的途径，这也说明纵向传播对降低农户风险厌恶程度具有重要的作用。而未参加或者较少参加农技培训的农户，很难通过专业技术培训等方式与他人进行交流沟通，但是移动互联应用能够在一定程度上削弱农技培训的影响，农户可以方便地通过网络和他人交流新品种的各类风险问题，从而避免因未参加农技培训而造成与其他农户的信息差。所以，移动互联网应用可以降低农户因未参加或者较少参加农技培训造成的风险进而促进小麦新品种的采用。

在不同小麦种植规模分组中，大规模种植组中 3 个中介变量的 ACEM 分别为 0.030、0.027 和 0.059，中介效应占总效应的比例分别为 9.53%、8.47% 和 18.65%；而在小规模种植组中，中介效应占总效应的比例分别为 10.29%、8.95% 和 21.31%。可以看出，小规模种植组的农户预期收益中介效应明显高于大规模种植组的农户。大规模种植组的农户追求农业生产的规模效应，而新品种的推广与扩散有利于技术效率形成规模效应（高鸣和宋洪远，2014），这就使得大规模种植组的农户往往更关注通过种植新品种来获得更高的生产收益。小规模种植组的农户对新品种往往不愿意投入大量的时间和资源用于品种的更新迭代，而移动互联网作为优质的信息搜寻工具，可以帮助农户低成本、高效率地了解新品种详细的种植优势与种植技术，因此，其中介效果会更加显著。这也说明，小规模种植组农户的移动互联网应用在通过信息获取能力、风险态度和预期收益的路径上促进小麦新品种的采用发挥了更大的作用。

## 6.7　本章小结

本章基于河南省实地微观调研数据，运用中介效应分析方法，以创新技术扩散视角，分析了移动互联网应用对农户小麦新品种采用的影响机制，证明了移动互联网应用能够通过提升信息获取能力、改变风险态度和提高预期收益的路径来促进农户小麦新品种的采用。

第一，本章从小麦新品种本体信息、种植信息、市场信息对信息获取能力进行了量化测度；利用实验经济学方法，通过 3 组实验对风险态度进行了测度，结果表明农户的风险厌恶程度平均值为 0.811，多数属于风险厌恶型，但在风险厌恶型农户中较低、中等和较高风险厌恶程度的农户分布比较均匀；通过综合评分方法，对预期收益进行了测度，并得到了预期收益综合评分。

第二，本章利用中介效应模型证明了信息获取能力、风险态度和预期收益在移动互联网应用对小麦新品种采用的影响中存在显著的中介效应。其中，预期收益的中介效应为 19.80%（最高）、风险态度的中介效应为 8.63%（最低）、信息获取能力的中介效应为 9.97%。在信息传播环节，移动互联网应用通过提升信息获取能力来促进农户小麦新品种的采用行为；在面对不确定性风险时，移动互联网应用通过降低风险厌恶程度来促进农户小麦新品种的采用行为；在评估决策环节，移动互联网应用通过提升预期收益来促进农户小麦新品种的采用行为。

第三，不同特征的农户应用移动互联网的新品种采用机制有明显的差异，高年龄组农户、种植经验丰富组农户和小规模种植组农户的整体中介效应更强；低受教育年限组农户信息获取能力的中介效应明显高于高受教育年限组农户；较少参加农技培训组农户的风险态度中介效应明显高于经常参加农技培训组农户。

这些研究结论对深入研究解决农村"信息鸿沟"、老龄化农户农业技术推广等问题都有重要的现实意义。移动互联网应用在新品种技术扩散的路径上，从认知、决策、评估多个方面影响着农户"潜在"的新品种采用行为因素，进而对农户小麦新品种的采用产生正向影响。从长期发展来看，移动互联网作为新型信息传播方式将有助于推进我国农业技术进步，在农业现代化建设过程中可起到重要的催化作用。在新品种等技术推广过程中，移动互联网应用能够在一定程度上改变农户传统种植过程中形成的惯性思维。这可以为当下农业技术推广工作或政策引导带来启示，并为解决农业技术推广等难题提供有效途径。

# 第7章 •••
# 结论与展望

　　粮食安全是国家安全的基础，多年来中国政府一直非常重视粮食安全问题。持续保障粮食产量稳定增长是一个永恒课题。作物新品种的改良迭代是科技进步的重要形式，是提升农业生产率的重要途径。如果能够加速新品种推广、采用及实施过程，便能够有效地促进产业技术进步，提高品种规模种植效益，并解决区域品种布局散乱等问题，从而可以在科学育种的方向上保障粮食生产安全。目前属于"两个一百年目标"交接、精准脱贫与乡村振兴衔接、供给侧结构性改革的深化等重要历史节点，如何紧紧围绕农户生产需求变化，降低农业技术推广成本、扩展农户信息获取渠道、提高农民生产积极性、推进农业现代化建设成为亟须解决的问题。从信息经济学和 S 型曲线理论角度出发，农户在信息不充分的条件下会导致资源配置不合理，但是通过信息搜寻可以获得更高收益预期效用的选择，如何有效解决农户生产过程中面临新品种选择时遇到的决策问题，值得深入研究。

　　随着移动互联网在农村的快速发展，中国农村的信息化发展进入新的阶段，数字经济步入快车道，移动互联网为农户提供了公益、便民、电商、培训等多方面的信息服务，为农村传统的信息流通方式、农村经济结构和社会转型提供了新的模式，并已逐步成为现代农民的"新农具"。国内外许多学者发现，通过移动互联网带来的信息高效传递，可以提高信息获取能力、改变风险态度、提升收益预期，最终改变农户小麦新品种的采用行为。本书从此背景出发，将移动互联网和农户小麦新品种采用行为进行关联，通过明确研究核心变量和相关理论基础，构建移动互联网应用对农户小麦新品种采用行为影响的研究思路和架构，并采用河南省小麦种植农户微观调研数据，实证分析移动互联网应用对农户小麦新品种采用行为的影响及其作用机制。本章将对上述主要内容进行归纳和总结，基于此提出相应的政策建议，并对未来研究进行展望。

## 7.1 结论

本书从理论上深入分析和探讨了移动互联网应用在促进农户小麦新品种采用过程中的作用机理。在此基础之上，本书通过微观农户视角，利用河南省小麦种植农户调研数据，综合运用内生转换回归模型、倾向得分匹配模型、Logit 回归模型、中介效应模型等定量分析模型，分析了移动互联网应用对农户小麦新品种采用的影响效应，并实证检验了影响机制：①移动互联网应用通过突破农户小麦新品种种植信息约束的瓶颈，提升农户的信息获取能力，进而促进农户小麦新品种的采用。②移动互联网应用通过提升农户的风险感知能力，使农户的风险态度向风险偏好型转变，进而促进了农户小麦新品种的采用；移动互联网应用通过丰富农户种植经验，降低农户对新品种种植损失预期，提升新品种种植收益预期，进而促进农户小麦新品种的采用。具体实证内容和研究结论如下。

（1）移动互联网的兴起是互联网在农村发展加速的转折点，现在我国移动互联网已经进入全民时代，互联网已经从传统的个人计算机时代跨越到新的移动互联网时代。移动互联网在农村的普及、应用可以提升信息在农业生产经营中的应用水平，提高农业生产效益和农民生活质量，缩小城乡差距，对推动数字乡村建设具有重要意义。

（2）虽然近年来农村居民中移动互联网使用率逐年升高，但是在农村仍有很多农民并未真正意识到移动互联网对农业生产的重要作用。从农户个人特征来看，受教育年限和返乡务农经历能够促进移动互联网的应用，而小麦种植经验制约了农户移动互联网的普及。在家庭特征中，家庭参加农技培训能够有效促进农户使用移动互联网，而年收入低的家庭移动互联网应用容易受到制约。此外，农户如果有家庭成员担任村干部或者参加合作社，那么更容易使用移动互联网。

（3）本书建立了基于创新扩散模型的小麦新品种采用行为的扩散理论分析架构，并指出移动互联网应用从纵向维度和横向维度影响着新品种的扩散速率，从而突破农户的"数字鸿沟"，进而促进农户小麦新品种的采用。本书基于经济学理论分析了移动互联网对农户小麦新品种扩散影响的核心原理，在农户收益最大化和风险最小化的目标前提下，移动互联网应用能够促进农户小麦新品种的采用，提升小麦新品种在农户间的扩散效率。结合文献和理论分析，阐述了移动互联网应用对农户小麦新品种采用影响的机理路径，形成了移动互联网应用对农户小麦新品种采用的理论分析模型，分析了移动互联网应用对农户小麦新品种采用具有催化效果，在降低小麦新品种信息搜寻成本、种植风险等方面发挥着重要的作用。

（4）本书使用内生转换回归模型和倾向得分匹配模型考察移动互联网应用对农户小麦新品种采用的影响，表明移动互联网应用对农户小麦新品种的采用有着显著的正向影响。在综合考虑调研数据的选择偏差和农户异质性的基础上，对小麦新品种种植情况进行了分析。结果表明：移动互联网作为重要的信息传播载体，在 1% 的水平正向显著影响农户小麦新品种采用行为。农户的受教育年限、小麦种植规模、参加合作社情况显著正向影响农户小麦新品种的采用率，年龄负向影响农户小麦新品种采用率，家庭年收入对农户小麦新品种采用影响不显著。移动互联网应用能够增加农户小麦新品种采用率，对不同种植规模的农户小麦新品种采用都有促进效应，特别是小规模种植组农户在使用移动互联网后对小麦新品种的采用率上升更为明显。本书利用替代变量进行稳健性检验，进一步证明了结论。通过异质性分析发现，移动互联网应用可以突破农户年龄、社会资源等对小麦新品种采用的瓶颈，年龄大和社会资源相对弱势农户的小麦新品种采用行为受移动互联网影响更大。

（5）本书从小麦新品种本体信息、种植信息、市场信息方面对信息获取能力进行了量化测度；利用实验经济学方法，对风险态度进行了测度；通过综合评分方法，对预期收益进行了测度。在对重要中介变量测度的基础上，利用中介效应模型证明了信息获取能力、风险态度和预期收益在移动互联网应用对农户小麦新品种采用的影响中存在显著的中介效应。其中，信息获取能力的中介效应为9.97%、风险态度的中介效应为8.63%、预期收益的中介效应为19.80%。这说明移动互联网在新品种技术扩散的路径上，从认知、决策、评估多个方面影响着农户"潜在"的新品种采用行为因素，进而对农户小麦新品种的采用产生正向影响。

这些结论对深入研究解决农村"信息鸿沟"、老龄化农户农业技术推广等问题都有重要的现实意义。从长期发展来看，移动互联网作为新型信息传播方式将有助于推进我国农业技术进步，在农业现代化建设过程中可起到重要作用。

## 7.2 政策建议

本书的结论具有重要的现实意义，以移动互联网为代表的新型通信技术的发展，为我国农业信息化、现代化发展提供了重要的研究方向。在当前坚持保供给、调结构、转方式并行的农业发展环境下，需打破阻碍农业产业发展的信息资源约束，确保农业技术进步。要实现小麦产业现代化发展，还需进一步实现农业产业升级，着力于农业创新技术转化，如完善农户信息资源渠道、促进农业技术推广和提供技术培训等诸多方面。

（1）持续推进以移动互联网为主体的数字乡村建设，为新技术推广工作提供基础设施保障。政府部门应推进以移动互联网、大数据、物联网为代表的新一代互联网基础设施建设，构建高效的农业科技成果向农民传输的新通道，实现跨区域、跨领域的农业技术协同创新和成果转化。对于信息化建设薄弱地区，相关部门应加大投资力度，使农民享受现代信息化快速发展的红利。通过在河南省实地调研发现，近年来农业农村部推广建立的"益农信息社"在乡村推进农民使用移动互联网方面起到了重要的作用。未来应大力实施"互联网＋"等信息进村入户工程，充分发挥信息试点县示范引领作用，推动农业信息化建设工作取得更大成效。

（2）加强农户移动互联网使用培训。本书研究结果显示，移动互联网应用对农户小麦新品种采用具有显著的正向影响。从提高农业生产力角度来说，相关部门应向更多的农村居民推广移动互联网，特别是在信息资源不足的地区。在加强新一代互联网基础设施建设的同时，相关部门还需加强新型信息硬件、软件系统的培训和教育，有序地引导农户使用移动互联网获取和学习农业生产知识，培养农民使用移动互联网辅助农业生产的意识和获取信息的习惯。在组织农民学习、使用移动互联网的培训工作上，要保障有足够经费。

（3）完善信息服务补贴政策。农业信息化建设是农业现代化建设的重要内容。目前，中国农村信息服务整体水平与城市相比还有较大的差距，普通农民对信息服务的认知体系还未建立。因此，政府部门应重视信息服务的发展并制定相应的财政补贴政策，对信息禀赋较弱的群体给予适当的支持，以促进信息服务业务在农村的普及。政府部门可以通过购买通信工具补贴、网络费用补贴等方式，引导农民正确认识信息服务的重要性。

政府部门可以带头提供农业生产所需的各类信息服务，如建立政府监管下的网上农资购置平台，进行农业生产必需的种子、农业机械装置、农药、化肥等生产资料的销售，并可以通过补贴方式鼓励农户通过线上方式进行购买。政府部门还可以与当地经销商、农业技术推广部门建立合作机制，通过在线咨询等方式向农户提供农业信息服务。

（4）着眼农业生产数字化转型应用，完善农业信息服务体系。推动以移动互联网技术为代表的新型信息技术在农业生产等领域的广泛应用，促进传统农业向现代农业加速转型。以新品种、新技术、新模式、新装备示范推广为着力点，突出创新应用，加大数字化转型力度。积极引导社会各界共同参与，发挥各自的资源优势，运用信息化手段搭建服务"桥梁"，深入挖掘发展典型，强化示范引领作用，探索数字农业农村发展新路径。现有的农业信息服务水平与农民多方位信息需求不匹配，政府部门应充分发挥益农信息社、农业合作社等农业组织的作用，使农户信息需求能够高效地反馈至农业管理部门，按照不同群体信息需求建立相应的信息服务体系。在未来农业技术推广过程中要注重因人适宜，在研究过程中通过农户异质性分析发现，移动互联网对不同特征农户存在着显著的差异，在政策实施时，需要结合农户本身的特征进行针对性考量。

（5）重视新品种的推广方式。从本质上看，新品种推广属于针对农业生产者的信息传播活动，提高推广效率是促进农业技术进步的重要途径。在我国，农户整体受教育水平相对较低，这会在一定程度上影响他们对新技术应用前景的理解和技术本身的学习。通过调研发现，目前农户对我国农业现有新品种种类、作用和效果等详细情况了解不足，主要是因为缺乏相应的技术推广和培训渠道。在河南省调研过程中发现，大部分小规模种植的农户每年参加农技培训的次数都不超过1次，甚至有三成左右的农户从来没有参加过新品种种植方面的技能培训。同时现有很多培训项目流于形式，或者只有村干部少数人员参与，而真正在生产一线的农户对新品种种植技术知之甚少。推广部门可重点对农村种植大户、示范户进行全方位的新品种种植培训，通过种植大户、示范户的带头作用逐步扩大新品种的推广范围，实现作物品种的快速迭代升级。

（6）优化农技推广模式，开展多元化农技培训方式，提高农技采用成效。现阶段，随着农业现代化的不断推进，信息弱势群体成为影响农业农村快速发展的重要阻力之一，信息弱势群体仅靠传统培训、教育等方式难以迅速摆脱自身的困境。在农技推广中，推广部门要不断创新、优化农技推广模式，让农户在推广过程中掌握新技术，以达到预期推广目标。首先，在破解城乡二元结构、创建新型农技推广体系过程中充分发挥政府作用，通过多渠道、多层次的方式开展线上线下相结合的农技推广模式；其次，开发适宜的移动互联网 APP，打通技术推广人员和农户之间的信息通道，通过网络授课、互动交流、信息推送等多元化方式提高农技推广效率；再次，以移动互联网为技术支撑，充分考虑农户对技术的需求，保障个性化信息的有效供给，根据不同农户的现实情况，以灵活的模式为农户提供不同的农技推广服务；最后，建立相应的移动互联网信息管理制度，加强对信息发布机构或人员的监管，特别是市场化的农技推广部门要保障其提供信息的有效性和准确性，规范农技信息推广的网络环境，促进农户新品种、新技术的采用率。

（7）合理利用移动互联网改善农户农业生产素质。本书研究发现移动互联网对个人禀赋、经济禀赋不足的农户小麦新品种采用的促进效果更加显著。移动互联网可以弥补文化水平相对较低的农户在创新技术扩散过程中的不足，也能够解决目前由于农户老龄化导致的农村地区农技推广难题。第一，政府应及时为农户提供更多的农业技术、农产品市场相关信息，通过移动互联网进行宣传、推送，激发农户对农业信息的感知能力；第二，相关部门可以通过移动互联网开展农业种植风险知识培训，推进农业保险在农村的普及，提升农户抗风险能力，进而改变农户对待新品种、新技术因不确定风险产生的厌恶感；第三，相关部门可以通过移动互联网进行新品种种植示范宣传，从农户角度让其能够感受到新品种带来的收益，增强农户对新品种种植的信心。

## 7.3 不足与展望

本书针对移动互联网促进农业创新技术推广研究还属于初步探索，受个人能力与调研数据的限制，仍存在一些不足之处。这些不足之处可作为未来深入研究的问题。

**1. 样本偏向性问题**

本书以河南省小麦种植农户实地调研数据为实证数据，虽然能够按照经济学的范式进行实证分析，但是研究样本仅选择了河南省部分地区的小麦种植农户作为调研对象，这就造成实证的内容未必能够全面反映我国小麦新品种采用的总体情况，进而使研究结论在普适性上存在一定缺陷。所以，对于这类问题，后续还需进行深入的实地调查，使研究更加深入、层次更加丰富。

**2. 变量设计问题**

首先，移动互联网应用的测度不足。受限于调研的时间不足，本书对于移动互联网的应用测度主要以移动终端使用情况、移动互联网应用情况对是否使用移动互联网进行综合判断，忽略了不同农户使用移动互联网获取农业信息的强度，进而影响实证效果。其次，信息获取能力、预期收益等变量受主观认知的影响较大，可能与实际情况存在一定的偏差。后续还需借鉴更加权威的量表来完善调查问卷的变量设计。

# 参　考　文　献

艾利思，2006. 农民经济学 [M]. 上海：上海人民出版社.

波拉特，1987. 信息经济论 [M]. 李必祥，译. 长沙：湖南人民出版社.

曹建民，胡瑞法，黄季焜，2005. 技术推广与农民对新技术的修正采用：农民参与技术培训和采用新技术的意愿及其影响因素分析 [J]. 中国软科学（6）：60-66.

常向阳，韩园园，2014. 农业技术扩散动力及渠道运行对农业生产效率的影响研究：以河南省小麦种植区为例 [J]. 中国农村观察（4）：63-70，96.

陈欢，周宏，孙顶强，2017. 信息传递对农户施药行为及水稻产量的影响：江西省水稻种植户的实证分析 [J]. 农业技术经济（12）：23-31.

陈建功，李晓东，2014. 中国互联网发展的历史阶段划分 [J]. 互联网天地（3）：6-14.

陈宁，2008. 农户风险态度的测量及其影响因素分析：基于江西省玉山县的调查 [D]. 北京：中国人民大学.

陈启实，2019. 互联网金融优化农村支付服务 [J]. 农业经济（3）：111-112.

陈新建，杨重玉，2015. 农户禀赋、风险偏好与农户新技术投入行为：基于广东水果种植农户的调查实证 [J]. 科技管理研究，35（17）：131-135.

陈致豫，邓朝华，鲁耀斌，2007. 移动服务的分类及采纳模型分析 [J]. 统计与决策（21）：57-60.

成德宁，汪浩，黄杨，2017. "互联网＋农业"背景下我国农业产业链的改造与升级 [J]. 农村经济（5）：52-57.

崔亚飞，BLUEMLING B，2018. 农户生活垃圾处理行为的影响因素及其效应研究：基于拓展的计划行为理论框架 [J]. 干旱区资源与环境，32（4）：37-42.

代云韬，邹媛媛，2017. 农村移动互联网的发展及应用 [J]. 乡村科技（12）：

82-84.

丁士军，陈传波，2001. 农户风险处理策略分析 [J]. 农业现代化研究（6）：346-349.

丁艳，2020. "互联网＋"共享经济背景下农村经济发展模式的转变 [J]. 农业经济（9）：58-59.

杜因，1993. 经济长波与创新 [M]. 刘守英，罗靖，译. 上海：上海译文出版社.

范凤翠，李志宏，王桂荣，等，2006. 国外主要国家农业信息化发展现状及特点的比较研究 [J]. 农业图书情报学刊（6）：175-177.

范昕昕，2010. 我国农业信息化测评及发展战略研究 [D]. 青岛：中国海洋大学.

高静，贺昌政，2015. 信息能力影响农户创业机会识别：基于456份调研问卷的分析 [J]. 软科学，29（3）：140-144.

高鸣，宋洪远，2014. 粮食生产技术效率的空间收敛及功能区差异：兼论技术扩散的空间涟漪效应 [J]. 管理世界（7）：83-92.

高杨，牛子恒，2018. 农业信息化、空间溢出效应与农业绿色全要素生产率：基于SBM-ML指数法和空间杜宾模型 [J]. 统计与信息论坛，33（10）：67-75.

高杨，牛子恒，2019. 风险厌恶、信息获取能力与农户绿色防控技术采纳行为分析 [J]. 中国农村经济（8）：109-127.

高瑛，王娜，李向菲，等，2017. 农户生态友好型农田土壤管理技术采纳决策分析：以山东省为例 [J]. 农业经济问题，38（1）：38-47，110-111.

葛宝山，李军，2007. 中国农业信息化发展影响因素辨识及系统分析 [J]. 农业图书情报学刊（9）：182-185.

郭霞，2008. 基于农户生产技术选择的农业技术推广体系研究：以江苏省小麦生产为例 [D]. 南京：南京农业大学.

郭永田，2007. 试论发展农村信息化 [J]. 农业经济问题（1）：44-46.

国亮，2011. 农业节水灌溉技术扩散研究 [D]. 杨凌：西北农林科技大学.

韩海彬，张莉，2015. 农业信息化对农业全要素生产率增长的门槛效应分析 [J]. 中国农村经济（8）：11-21.

韩耀，1995. 中国农户生产行为研究［J］. 经济纵横（5）：29-33.

何中虎，夏先春，陈新民，等，2011. 中国小麦育种进展与展望［J］. 作物学报，37（2）：202-215.

侯麟科，仇焕广，白军飞，等，2014. 农户风险偏好对农业生产要素投入的影响：以农户玉米品种选择为例［J］. 农业技术经济（5）：21-29.

胡瑞法，1998. 农业科技革命：过去和未来［J］. 农业技术经济（3）：1-10，49.

黄季焜，胡瑞法，孙振玉，2000. 让科学技术进入农村的千家万户：建立新的农业技术推广创新体系［J］. 农业经济问题（4）：17-25.

黄季焜，胡瑞法，智华勇，2009. 基层农业技术推广体系30年发展与改革：政策评估和建议［J］. 农业技术经济（1）：4-11.

黄季焜，齐亮，陈瑞剑，2008. 技术信息知识、风险偏好与农民施用农药［J］. 管理世界（5）：71-76.

黄季焜，杨军，2014. 玉米科技进步及其对玉米和其他主要农产品的供需影响［J］. 农林经济管理学报，13（2）：117-123.

黄炜虹，2019. 农业技术扩散渠道对农户生态农业模式采纳的影响研究：以长江中下游地区稻虾共养模式为例［D］. 武汉：华中农业大学.

黄兴，康毅，唐小飞，2011. 自主性创新与模仿性创新影响因素实证研究［J］. 中国软科学（S2）：85-93.

黄烨，2010. 我国农业信息化测度及其相关影响因素［J］. 河北理工大学学报（社会科学版），10（4）：46-48，58.

黄元歌，2017. 收入增加对个人风险态度影响的研究［D］. 上海：上海外国语大学.

蒋赟，张丽丽，薛平，等，2021. 我国小麦产业发展情况及国际经验借鉴［J］. 中国农业科技导报，23（7）：1-10.

杰里，瑞尼，2012. 高级微观经济理论［M］. 3版. 谷宏伟，张嫚，王小芳，译. 北京：中国人民大学出版社.

靖继鹏，2004. 信息经济学［M］. 北京：清华大学出版社.

瞿海源，毕恒达，刘长萱，等，2013. 社会及行为科学研究法（二）·质性研究法［M］. 北京：社会科学文献出版社.

柯炳生，2018. 我国粮食需求增长趋势持续增加［J］. 农村工作通讯（17）：48.

孔繁涛，朱孟帅，韩书庆，等，2016. 国内外农业信息化比较研究［J］. 世界农业（10）：10-18.

孔祥智，方松海，庞晓鹏，等，2004a. 西部地区农户禀赋对农业技术采纳的影响分析［J］. 经济研究（12）：85-95，122.

孔祥智，庞晓鹏，张云华，2004b. 北方地区小麦生产的投入要素及影响因素实证分析［J］. 中国农村观察（4）：2-7，80.

兰徐民，赵冬缓，2002. 我国农业科技进步障碍因素分析与对策探讨［J］. 农业技术经济（3）：15-18.

雷娜，赵邦宏，2007. 农户信息需求与农业信息供需失衡的实证研究：基于河北省农户信息需求的调查［J］. 农业经济（3）：37-39.

李晨曦，刘文明，朱思睿，等，2018. 农户选择玉米新品种行为及影响因素分析［J］. 玉米科学，26（2）：161-165.

李国英，2015. "互联网＋"背景下我国现代农业产业链及商业模式解构［J］. 农村经济（9）：29-33.

李建国，2012. 农民信息素质测度实证研究［D］. 北京：北京邮电大学.

李平，1999. 技术扩散理论及实证研究［M］. 太原：山西经济出版社.

李琪，2018. 水稻化肥农药减量增效技术推广路径分析：基于农户采纳行为视角［D］. 杭州：浙江大学.

李想，2016. 移动互联网背景下我国农村物流与电子商务的协调发展研究［J］. 商业经济研究（21）：107-109.

李晓静，陈哲，刘斐，等，2020. 参与电商会促进猕猴桃种植户绿色生产技术采纳吗：基于倾向得分匹配的反事实估计［J］. 中国农村经济（3）：118-135.

梁荣，2005. 农业综合生产能力初探［J］. 中国农村经济（12）：4-11.

梁晓涛，汪文斌，2013. 移动互联网［M］. 武汉：武汉大学出版社.

梁再培，鲁春阳，2018. 河南省农业信息化对农村经济增长的影响［J］. 河南农业科学，47（7）：157-160.

林毅夫，1992. 制度、技术与中国农业发展［M］. 上海：上海三联书店.

林毅夫，1994.90 年代中国农村改革的主要问题与展望［J］. 管理世界（3）：139-144.

林毅夫，2011. 新结构经济学：重构发展经济学的框架［J］. 经济学（季刊），10（1）：1-32.

林毅夫，董先安，殷韦，2004. 技术选择、技术扩散与经济收敛［J］. 财经问题研究（6）：3-10.

刘根荣，2017. 共享经济：传统经济模式的颠覆者［J］. 经济学家（5）：97-104.

刘继芳，吴建寨，张建华，2018. 信息进村入户工程进展与对策分析：来自河南、贵州两省的调研报告［J］. 农业展望，14（10）：65-69.

刘丽伟，2008. 发达国家农业信息化发展动因、特征及影响分析［J］. 世界农业（12）：10-13.

刘明，2013. 信息经济学视角下的本地化翻译研究［D］. 天津：南开大学.

刘起林，韩青，2020. 农业病虫害防治外包的农户增收效应研究：基于湖南、安徽和浙江三省的农户调查［J］. 农村经济（8）：118-125.

刘生龙，胡鞍钢，2010. 基础设施的外部性在中国的检验：1988—2007［J］. 经济研究，45（3）：4-15.

刘晓倩，2018. 中国农村居民互联网使用及其对收入的影响研究［D］. 北京：中国农业大学.

刘晓倩，韩青，周磊，2016. 信息化对农村经济增长影响实证分析及展望：基于区域差异的比较［J］. 农业展望，12（8）：47-52.

刘艳婷，陈美球，邝佛缘，等，2020. 预期收益、可行能力对农户生态耕种采纳意愿的影响及其代际差异［J］. 长江流域资源与环境，29（3）：738-747.

龙冬平，李同昇，于正松，2014. 农业技术扩散中的农户采用行为研究：国外进展与国内趋势［J］. 地域研究与开发，33（5）：132-139.

楼栋，孔祥智，2013. 新型农业经营主体的多维发展形式和现实观照［J］. 改革（2）：65-77.

卢敏，左停，2005. 加纳 Brong Ahafo 地区土地权属类型与农民农作选择行为研究［J］. 世界农业（5）：37-39.

路剑，李小北，2005. 关于农户信息化问题的思考［J］. 农业经济问题（5）：

53-56.

罗华，2019. 移动互联网蓝皮书：中国移动互联网发展报告（2019）［M］. 北京：社会科学文献出版社.

罗震东，项婧怡，2019. 移动互联网时代新乡村发展与乡村振兴路径［J］. 城市规划，43（10）：29-36.

马志雄，丁士军，2013. 基于农户理论的农户类型划分方法及其应用［J］. 中国农村经济（4）：28-38.

满明俊，李同昇，李树奎，等，2010. 技术环境对西北传统农区农户采用新技术的影响分析：基于三种不同属性农业技术的调查研究［J］. 地理科学，30（1）：66-74.

梅方权，2001. 农业信息化带动农业现代化的战略分析［J］. 中国农村经济（12）：22-26.

农业农村部市场预警专家委员会，2021. 中国农业展望报告（2021—2030）［M］. 北京：中国农业科学技术出版社.

恰亚诺夫，1996. 农民经济组织［M］. 萧正洪，译. 北京：中央编译出版社.

乔榛，焦方义，李楠，2006. 中国农村经济制度变迁与农业增长：对1978—2004年中国农业增长的实证分析［J］. 经济研究（7）：73-82.

乔丹，陆迁，徐涛，等，2017. 信息渠道、学习能力与农户节水灌溉技术选择：基于民勤绿洲的调查研究［J］. 干旱区资源与环境，31（2）：20-24.

尚昕，周强，2020. 新时代农村金融改革的共享路径［J］. 税务与经济（2）：56-62.

沈梅，杨萍，2005. 信息不对称条件下的农村市场问题及对策研究［J］. 情报科学（3）：359-361，366.

沈月琴，舒斌，朱臻，等，2016. 林业补贴对山区农户风险态度影响的实证分析：基于浙江省的调查数据［J］. 农林经济管理学报，15（1）：31-38.

盛洁，2021. 现代通讯技术使用对农户市场行为影响研究：基于交易成本视角［D］. 杨凌：西北农林科技大学.

盛晏，2006. 信息经济学视角下农户对信息需求的困境［J］. 科技和产业（3）：34-37.

石晓阳，张亦迟，夏恩君，2020. 移动互联网对农业全要素生产率的影响研究［J］. 科技和产业，20（5）：67-74.

史德林，2016. 移动互联网在农业信息化中的应用研究［J］. 农村经济与科技，27（4）：10-11.

宋德军，2013. 中国农业产业结构优化与科技创新耦合性评价［J］. 科学学研究，31（2）：191-200.

宋军，胡瑞法，黄季，1998. 农民的农业技术选择行为分析［J］. 农业技术经济（6）：36-39，44.

宋雨河，2018. 市场信息和风险态度对蔬菜种植户生产决策的影响［J］. 中国蔬菜（2）：10-15.

苏岚岚，孔荣，2020. 互联网使用促进农户创业增益了吗：基于内生转换回归模型的实证分析［J］. 中国农村经济（2）：62-80.

孙洁，2013. 移动互联网让农村生活更美好［J］. 中国农村科技（10）：22-23.

谭放，陈文林，1998. 农业发展之路：集约化经营［J］. 农业经济（10）：6-7.

谭玲玲，2013. 农业信息化对农业经济增长的作用机理研究［J］. 安徽农业科学，41（9）：4174-4176，4217.

谭永风，张淑霞，陆迁，2021. 环境规制、技术选择与养殖户绿色生产转型：基于内生转换回归模型的实证分析［J］. 干旱区资源与环境，35（10）：69-76.

唐彪，徐宇，2017. 基层农业科技推广的困境与出路［J］. 产业与科技论坛，16（2）：7-9.

唐立强，周静，2018. 社会资本、信息获取与农户电商行为［J］. 华南农业大学学报（社会科学版），17（3）：73-82.

陶佩君，2007. 社会化小农户的农业技术创新扩散研究［D］. 天津：天津大学.

田涛，吕剑秋，李玮玮，2015. 农场补贴、农场中间消耗与农场收益关系的实证［J］. 统计与决策（18）：114-117.

万金，祁春节，2011. 农作物新品种或新技术推广应用的技术经济评价理论和方法：文献综述与案例研究［J］. 科技进步与对策，28（24）：195-200.

汪亚楠，王海成，2021. 数字乡村对农村居民网购的影响效应［J］. 中国流通经济，35（7）：9-18.

王建，2010. 农民信息获取能力现状与提升：以西部地区农村为例［J］. 图书馆学研究（2）：93-95.

王江汉，2018. 移动互联网概论［M］. 成都：电子科技大学出版社.

王丽，赵岩红，2014. 农户信息搜寻行为研究［J］. 合作经济与科技（8）：12-13.

王倩，管睿，余劲，2019. 风险态度、风险感知对农户农地流转行为影响分析：基于豫鲁皖冀苏 1429 户农户面板数据［J］. 华中农业大学学报（社会科学版）（6）：149-158，167.

王庆福，王宇航，2017. 农村移动互联网发展现状研究［J］. 乡村科技（10）：90-92.

王少剑，2014. 移动微博技术对农村基本公共服务绩效的作用机理研究［D］. 杭州：浙江大学.

王双，2015. 我国不同地区都市农业信息化发展水平与测度分析［D］. 南京：南京农业大学.

王天穷，于冷，2014. 玉米预期价格对农户种植玉米的影响：基于吉、黑两省玉米种植户的调查研究［J］. 吉林农业大学学报，36（5）：615-622.

王绪龙，周静，2016. 信息能力、认知与菜农使用农药行为转变：基于山东省菜农数据的实证检验［J］. 农业技术经济（5）：22-31.

王学婷，何可，张俊飚，等，2018. 农户对环境友好型技术的采纳意愿及异质性分析：以湖北省为例［J］. 中国农业大学学报，23（6）：197-209.

王一杰，邸菲，辛岭，2018. 我国粮食主产区粮食生产现状、存在问题及政策建议［J］. 农业现代化研究，39（1）：37-47.

王勇，王文亮，2013. 河南省农业信息化水平评价［J］. 技术经济，32（4）：85-88.

王振华，李明文，王昱，等，2017. 技术示范、预期风险降低与种粮大户保护性耕作技术行为决策［J］. 中国农业大学学报，22（8）：182-187.

卫新，胡豹，徐萍，2005. 浙江省农户生产经营行为特征与差异分析［J］. 中国农村经济（10）：49-56.

蔚海燕，2004. 我国农业信息化水平的测度及分析［J］. 晋图学刊（1）：24-28，37.

魏后凯，杜志雄，2021.中国农村发展报告：面向 2035 年的农业农村现代化［M］.北京：中国社会科学出版社.

温涛，陈一明，2020.数字经济与农业农村经济融合发展：实践模式、现实障碍与突破路径［J］.农业经济问题（7）：118-129.

温忠麟，叶宝娟，2014.中介效应分析：方法和模型发展［J］.心理科学进展，22（5）：731-745.

文长存，孙玉竹，吴敬学，2017.农户禀赋、风险偏好对农户西瓜生产决策行为影响的实证分析［J］.北方园艺（2）：196-201.

文军，张思峰，李涛柱，2014.移动互联网技术发展现状及趋势综述［J］.通信技术，47（9）：977-984.

乌家培，1996.信息资源与信息经济学［J］.情报理论与实践（4）：4-6，44.

吴冲，2007.农户资源禀赋对优质小麦新品种选择影响的实证研究：以江苏省丰县为例［D］.南京：南京农业大学.

吴吉义，李文娟，黄剑平，等，2015.移动互联网研究综述［J］.中国科学：信息科学，45（1）：45-69.

吴淑芳，陈太安，张学忠，2005.影响我国农业信息化发展的制约因素及其对策分析［J］.莱阳农学院学报（社会科学版），17（3）：35-37.

吴雪莲，2016.农户绿色农业技术采纳行为及政策激励研究：以湖北水稻生产为例［D］.武汉：华中农业大学.

西爱琴，2006.农业生产经营风险决策与管理对策研究：以浙江、湖北和陕西农户为例的实证分析［D］.杭州：浙江大学.

夏佳佳，余康，郭萍，2014.农业全要素生产率增长的再测算：Malmquist 指数法和 Hicks-Moorsteen 指数法的比较［J］.林业经济问题，34（6）：563-567.

项朝阳，潘秋雨，王珍，2020.减还是不减：矛盾态度视角下农户减肥减药行为的实证研究［J］.农业技术经济（2）：83-92.

项朝阳，孙慧，2014.基于计划行为理论的农户安全蔬菜种植意愿研究［J］.广东农业科学，41（18）：176-181.

肖钰，齐振宏，徐胜，等，2022.社会互动和信息获取能力对农户稻虾共作技术采纳行为的影响［J］.生态与农村环境学报，38（3）：308-318.

信乃诠，陈坚，李建萍，1995. 中国作物新品种选育成就与展望［J］. 中国农业科学（3）：1-7.

徐舒，左萌，姜凌，2011. 技术扩散、内生技术转化与中国经济波动：一个动态随机一般均衡模型［J］. 管理世界（3）：22-31，187.

徐小琪，李燕凌，2019. 我国农业信息化发展及主要推动因素分析［J］. 江西社会科学，39（4）：195-200.

徐旭初，吴彬，2018. 合作社是小农户和现代农业发展有机衔接的理想载体吗［J］. 中国农村经济（11）：80-95.

徐湧泉，2015. 种粮农户对新品种采用行为及影响因素研究：以山西省五台县农户为例［D］. 乌鲁木齐：新疆农业大学.

许丹琳，2018. 信息经济学视野下的消费者冷静期制度研究［D］. 武汉：中南财经政法大学.

许竹青，郑风田，陈洁，2013. "数字鸿沟"还是"信息红利"？信息的有效供给与农民的销售价格：一个微观角度的实证研究［J］. 经济学（季刊），12（4）：1513-1536.

薛伟贤，刘骏，2011. 基于技术扩散模型的区域"数字鸿沟"演变阶段划分［J］. 系统工程，29（1）：78-84.

闫迪，郑少锋，2020. 信息能力对农户生态耕种采纳行为的影响：基于生态认知的中介效应和农业收入占比的调节效应［J］. 中国土地科学，34（11）：76-84，94.

杨长福，张黎，2013. 我国农业人口老龄化对现代农业的影响及对策［J］. 农业现代化研究，34（5）：522-526.

杨建仓，2008. 我国小麦生产发展及其科技支撑研究［D］. 北京：中国农业科学院.

杨丽，2010. 农户技术选择行为研究综述［J］. 生产力研究（2）：245-247.

杨柠泽，周静，马丽霞，等，2018. 信息获取媒介对农村居民生计选择的影响研究：基于 CGSS2013 调查数据的实证分析［J］. 农业技术经济（5）：52-65.

杨印生，赵罡，2008. 基于 DEA 的吉林省农业信息化系统投入产出效率测度［J］. 现代情报（4）：220-222.

杨志坚，2008. 社会关系对农民技术采用的影响研究：以水稻和玉米新品种和除草剂技术的采用为例［D］. 北京：中国科学院地理科学与资源研究所.

姚文戈，2005. 以信息化推进我国农业产业化［J］. 情报科学，23（10）：1481-1484.

应瑞瑶，朱勇，2015. 农业技术培训方式对农户农业化学投入品使用行为的影响：源自实验经济学的证据［J］. 中国农村观察（1）：50-58，83，95.

于淑敏，朱玉春，2011. 农业信息化水平的测度及其与农业全要素生产率的关系［J］. 山东农业大学学报（社会科学版），13（3）：31-36.

于正松，李同昇，孙东琪，等，2018. 收益预期、成本认知、风险评估与技术选择决策：基于 338 家农户微观数据的考察［J］. 科技管理研究，38（24）：202-210.

余星璐，2020. 移动互联网对城乡收入差距的影响研究：基于我国省级面板数据的实证分析［D］. 南昌：江西师范大学.

苑春荟，龚振炜，陈文晶，等，2014. 农民信息素质量表编制及其信效度检验［J］. 情报科学，32（2）：26-30.

岳琳，2014. 移动互联网时代基于新媒体的农村信息传播策略思考［J］. 新闻界（23）：48-54.

曾玉荣，董婉莹，李昊，2018. 试论信息化发展对农村农业经济发展的影响［J］. 农村经济与科技，29（8）：218.

张芳菲，宋久洋，2019. 汝州市信息进村入户助推乡村振兴［J］. 河南农业（25）：12，16.

张海霞，韩佩珺，2018. 农业全要素生产率测度及收敛性分析：基于 Hicks-Moorsteen 指数［J］. 农村经济（6）：55-61.

张鸿，张权，2008. 农村信息化对农业经济增长的影响［J］. 统计与决策（12）：102-104.

张森，徐志刚，仇焕广，2012. 市场信息不对称条件下的农户种子新品种选择行为研究［J］. 世界经济文汇（4）：74-89.

张世虎，顾海英，2020. 互联网信息技术的应用如何缓解乡村居民风险厌恶态度：基于中国家庭追踪调查（CFPS）微观数据的分析［J］. 中国农村经济（10）：33-51.

张献国，2015. 佳木斯地区种植户选择水稻新品种因素分析［J］. 中国种业（3）：22-25.

赵广才，常旭虹，王德梅，等，2012. 中国小麦生产发展潜力研究报告［J］. 作物杂志（3）：1-5.

赵佳佳，刘天军，魏娟，2017. 风险态度影响苹果安全生产行为吗：基于苹果主产区的农户实验数据［J］. 农业技术经济（4）：95-105.

赵肖柯，周波，2012. 种稻大户对农业新技术认知的影响因素分析：基于江西省1077户农户的调查［J］. 中国农村观察（4）：29-36，93.

赵玉，严武，2016. 市场风险、价格预期与农户种植行为响应：基于粮食主产区的实证［J］. 农业现代化研究，37（1）：50-56.

郑震，2016. 社会学方法的综合：以问卷法和访谈法为例［J］. 社会科学（11）：93-100.

钟秋波，2013. 我国农业科技推广体制创新研究［D］. 成都：西南财经大学.

周鸿卫，田璐，2019. 农村金融机构信贷技术的选择与优化：基于信息不对称与交易成本的视角［J］. 农业经济问题（5）：58-64.

周蕾，李纾，许燕，等，2014. 决策风格的理论发展及建构：基于信息加工视角［J］. 心理科学进展，22（1）：112-121.

周小琴，2012. 农户禀赋、组织模式对农业技术扩散的影响研究［D］. 南京：南京农业大学.

朱秋博，2020. 农村信息化对农户收入的影响［D］. 北京：中国农业大学.

朱秋博，白军飞，彭超，等，2019. 信息化提升了农业生产率吗［J］. 中国农村经济（4）：22-40.

朱希刚，黄季焜，1994. 农业技术的采用和扩散，农业技术进步测定的理论方法［M］. 北京：中国农业科学技术出版社.

朱幼平，1996. 论信息化对经济增长的影响［J］. 情报理论与实践（5）：5-8.

朱月季，高贵现，周德翼，2014. 基于主体建模的农户技术采纳行为的演化分析［J］. 中国农村经济（4）：58-73.

庄家煜，迟亮，曾梦杰，等，2021. 移动互联网在中国农村的发展［J］. 科技导报，39（23）：94-100.

ABADI-GHADIM A K, 2005. Risk, uncertainty and learning in farmer adoption of a crop innovation [J], Agricultural Economics, 33 (1): 1-9.

ABDULAI A, HUFFMAN W E, 2005. The diffusion of new agricultural technologies: the case of crossbred-cow technology in Tanzania [J]. American Journal of Agricultural Economics, 87 (3): 645-659.

ARROW K J, 1962. The economic implications of learning by doing [J]. Review of Economics Studies, 29 (3): 155-173.

ASFAW S, SHIFERAW B, SIMTOWE F, et al., 2012. Impact of modern agricultural technologies on smallholder welfare: evidence from Tanzania and Ethiopia [J]. Food Policy, 37 (3): 283-295.

ATANU S, LOVE H A, SCHWART R, 1994. Adoption of emerging technologies under output uncertainty [J]. American Journal of Agricultural Economics, 76 (4): 836-846.

BÉLANGER F, CROSSLER R E, 2011. Privacy in the digital age: a review of information privacy research in information [J]. MIS Quarterly, 35 (4): 1017-1041.

BAIDU-FORSON J, 1999. Factors influencing adoption of land-enhancing technology in the Sahel: lessons from a case study in Niger [J]. Agricultural Economics, 20 (3): 231-239.

BAILY M N, 1986. What has happened to productivity growth [J]. Science, 234 (4775): 443-451.

BANKER R D, CHARNES A, COOPER W W, 1984. Some models for estimating technical and scale inefficiencies in data envelopment analysis [J]. Management Science, 30 (9): 1078-1092.

BASSANINI A, SCARPETTA S, 2002. Growth, technological change, and ict diffusion: recent evidence from OECD countries [J]. Oxford Review of Economic Policy, 18 (3): 324-344.

BASU S, WEIL B, 1998. Appropriate technology and growth [J]. Quarterly Journal of Economics, 113 (4): 1025-1054.

BERTRAND M, MULLAINATHAN S, SHAFIR E, 2004. A behavioraleconomics view of poverty [J]. American Economic Review, 94 (2): 419-423.

BESLEY T, CASE A, 1993. Modelling technology adoption decisions in developing countries [J]. American Economic Association, 83 (2): 396-402.

BRICK K, VISSER M, 2015. Risk preferences, technology adoption and insurance uptake: a framed experiment [J] .Journal of Economic Behavior and Organization, 118 (10): 383-396.

BROCK W A, DURLAUF S N, 2006. Identification of binary choice models with social interactions [J]. Journal of Econometrics, 140 (1): 52-75.

BULKLEY G, HARRIS R D F, 1997. Irrational analysts' expectations as a cause of excess volatility in stock prices [J]. The Economic Journal, 107 (441): 359-371.

CARDENAS J C, CARPENTER J, 2013. Risk attitudes and economic well-being in Latin America [J]. Journal of Development Economics, 103: 52-61.

CHARNES A, COOPER W W, RHODES E, 1978. Measuring the efficiency of decision making units [J]. European Journal of Operational Research, 2 (6): 429-444.

CHATZIMICHAEL K, GENIUS M, TZOUVELEKAS V, 2014. Informational cascades and technology adoption: evidence from Greek and German organic growers [J]. Food Policy, 49: 186-195.

DAMANIA R, BERG C, RUSS J, 2017. Agricultural technology choice and transport [J]. American Journal of Agricultural Economics, 99 (1): 265-284.

DAVIS F D, 1989. Perceived usefulness, perceived ease of use, and user acceptance of information technology [J]. Mis Quarterly, 13 (3): 319-340.

DEHEJIA R H, WAHBA S, 2002. Propensity score matching methods for non-experimental causal studies [J]. Review of Economics and Statistics, 84 (1): 151-161.

DEMIRYU [1] REK K, 2010. Information systems and communication networks for agriculture and rural people [J]. Agricultural Economics, 56 (5): 209-214.

DIEHL K, KORNISH L J, LYNCH J G, 2003. Smart agents: when lower search costs for quality information increase price sensitivity. [J]. Journal of Consumer Research, 30 (1): 56-71.

ELWELL R, 2009. Understanding and managing risk attitude [J]. Ergonomics, 52 (2): 271-272.

EL-OSTA H S, MOREHART M J, 1999. Technology adoption decisions in dairy production and the role of herd expansion [J]. Agricultural and Resource Economics Review, 28 (1): 84-95.

FEDER G, SLADE R, 1984. The acquisition of information and the adoption of new technology [J]. American Journal of Agricultural Economics, 66 (3): 312-320.

FIELDS G S, 2012. Accounting for income inequality and its change: a new method, with application to the distribution of earnings in the United States [J]. Research in Labor Economics, 35: 1-38.

FOSTER A D, ROSENZWEIG M R, 2010. Microeconomics of technology adoption [J]. Annual Review of Economics, 2: 395-424.

FOSTER A, ROSENZWEIG M, 2001. Imperfect commitment, altruism, and the family: evidence from transfer behavior in low-income rural areas [J]. The Review of Economics and Statistics, 83 (3): 389-407.

GENIUS M, KOUNDOURI P, NAUGES C, et al., 2014. Information transmission in irrigation technology adoption and diffusion: social learning, extension services, and spatial effects [J]. Working Papers, 96 (1): 328-344.

GRANOVETTER M, 1973. The strenght of weak ties [J]. American Journal of Sociology, 78: 1360 – 1380.

GREENE W, 2005. Reconsidering heterogeneity in panel data estimators of the stochastic frontier model [J]. Journal of Econometrics, 126 (2): 269-303.

GRILICHES Z, 1957. Hybrid corn: an exploration in the economics of technological change [J]. Econometrica, 25 (4): 501-522.

GUST C, MARQUEZ J, 2004. International comparisons of productivity growth: the role of information technology and regulatory practices [J]. Labour Economics, 11 (1): 33-58.

HAILE M G, KALKUHL M, BRAUN J, 2014. Inter-and intra-seasonal crop acreage response to international food prices and implications of volatility [J]. Agricultural Economics, 45 (6): 693-710.

HAYAMI Y, RUTTAN V W, 1970. Agricultural productivity differences among countries [J]. American Economic Review, 60 (5): 895-911.

HECKMAN J J, ICHIMURA H, TODD P E, 1997. Matching as an econometric evaluation estimator: evidence from evaluating a job training programme [J]. Review of Economic Studies, 64 (2): 605-654.

IKOJA-ODONGO J R, 2002. Mapping information systems and services in Uganda: an overview [J]. International Information & Library Review, 34 (4): 309-334.

JACKSON J, 2008. Energy budgets at risk (EBaR): a risk management approach to energy purchase and efficiency choices [M]. Hoboken: John Wiley & Sons.

JIN S, MA H, HUANG J, et al., 2010. Productivity, efficiency and technical change: measuring the performance of China's transforming agriculture [J]. Journal of Productivity Analysis, 33 (3): 191-207.

KASSIE M, TEKLEWOLD H, MARENYA P, et al., 2015. Production risks and food security under alternative technology choices in Malawi: application of a multinomial endogenous switching regression [J]. Journal of Agricultural Economics, 66 (3): 640-659.

KATZMAN N, 1974. The mathematics of membership [J]. Public Telecommunications Review, 6 (3): 38-46.

KEBEDE Y, 1992. Risk behaviour and new agricultural technologies: the case of producers in the central highlands of Ethiopia [J]. Quarterly, Journal of

International Agriculture, 31 (3): 269-284.

KIM S, NOLAN P D, 2006. Measuring social "informatization": a factor analytic approach [J]. Sociological Inquiry, 76 (2): 188-209.

KINCAID D R, CHENEY E W, 2002. Numerical analysis: mathematics of scientific computing [M]. 3th ed. Belmont: Brooks/Cole.

KUEHNE G, LLEWELLYN R, PANNELL D J, et al., 2017. Predicting farmer uptake of new agricultural practices: a tool for research, extension and policy [J]. Agricultural Systems, 156: 115-125.

KUMBHAKAR S C, LOVELL C A K, 2003. Stochastic frontier analysis [M]. Cambridge: Cambridge University Press.

LEE D R, 2005. Agricultural sustainability and technology adoption: issues and policies for developing countries [J]. American Journal of Agricultural Economics, 87 (5): 1325-1334.

LINDNER R K, GIBBS M, 1990. A test of Bayesian learning from farmer trials of new wheat varieties [J]. Australian Journal of Agricultural and Resource Economics, 34 (1): 21-38.

LIPTON M, 1968. The theory of the optimizing peasant [J]. Journal of Development Studies, 4 (3): 327-351.

LIU E M, 2013. Time to change what to sow: risk preferences and technology adoption decisions of cotton farmers in China [J]. Review of Economics and Statistics, 95 (4): 1386-1403.

LIU E M, 2013. Time to change what to sow: risk preferences and technology adoption decisions of cotton farmers in China [J]. Review of Economics and Statistics, 95 (4): 1386-1403.

LIU E M, HUANG J K, 2013. Risk preferences and pesticide use by cotton farmers in China [J]. Journal of Development Economics, 103: 202-215.

LOKSHIN M, SAJAIA Z, 2004. Maximum likelihood estimation of endogenous switching regression models [J]. The Stata Journal (3): 282-289.

LUCAS R. E, 1988. On the mechanics of economic development [J]. Journal of Monetary Economics，22（1）：3-42.

MACHLUP F，1978. A history of thought on economic integration ［J］. Journal of Economic History，38（2）：323-585.

MAERTENS A，BARRETT C B，2013. Measuring social networks' effects on agricultural technology adoption ［J］. American Journal of Agricultural Economics，95（2）：353-359.

MANSFIELD E，1971. Industrial research and technological innovation：an econometric analysis ［J］. Economica，38（149）：111-112.

MAO W N，KOO W W，1997. Productivity growth，technological progress，and efficiency change in chinese agriculture after rural economic reforms：a DEA approach ［J］. China Economic Review，8（2）：157-174.

MAREDIA M K，SHANKAR B，KELLEY T G，et al，2014. Impact assessment of agricultural research，institutional innovation，and technology adoption：introduction to the special section ［J］. Food Policy，44：214-217.

MEHTA S，KALRA M，2006. Information and communication technologies：a bridge for social equity and sustainable development in India ［J］. International Information and Library Review，38（3）：147-160.

MITTAL M，MAMTA M，2016. Socio-economic factors affecting adoption of modern information and communication technology by farmers in India：analysis using multivariate probit model ［J］. The Journal of Agricultural Education and Extension，22（2）：450-454.

MOSER C M，BARRETT C，2006. The complex dynamics of smallholder technology adoption：the case of SRI in Madagascar ［J］. Agricultural Economics，35（3）：373-388.

OGUTU S O，OKELLO J J，OTIENO D J，2014. Impact of information and communication technology-based market information services on smallholder farm input use and productivity：the case of Kenya ［J］. World Development，64：311-321.

OLARINDE L，MANYONG V M，AKINTOLA J O，2007. Attitudes

towards risk among maize farmers in the dry savanna zone of Nigeria: some prospective policies for improving food production [J]. African Journal of Agricultural Research, 2 (8): 399-408.

PAMUK H, BULTE E, ADEKUNLE A A, 2014. Do decentralized innovation systems promote agricultural technology adoption? Experimental evidence from Africa [J]. Food Policy, 44 (1): 227-236.

PANNELL D, GLENN P, 2000. A framework for the economic evaluation and selection of sustainability indicators in agriculture [J]. Ecological Economics, 33 (1): 135-149.

PILAT D, 2004. The ICT productivity paradox: insights from micro data [J]. OECD Economic Studies (1): 37-65.

POPKIN S, 1979. The rational peasant [M]. California: University of California Press.

PORAT M U, 1978. Global implications of the information society [J]. Journal of Communication, 28 (1): 70-80.

RAHMAN S, 2015. Environmental impacts of technological change in Bangladesh agriculture: farmers' perceptions, determinants, and effects on resource allocation decisions [J]. Agricultural Economics, 33 (1): 107-116.

RAMAEKERS L, MICHENI A, MBOGO P, et al., 2013. Adoption of climbing beans in the central highlands of Kenya: an empirical analysis of farmers'adoption decisions [J]. African Journal of Agricultural Research, 8 (1): 1-19.

RAMIREZ A, 2013. The influence of social networks on agricultural technology adoption [J]. Procedia-social and Behavioral Sciences, 79 (3): 101-116.

RANSOM J K, PAUDYAL K, ADHIKARI K, 2003. Adoption of improved maize varieties in the hills of Nepal [J]. Agricultural Economics, 29 (3): 299-305.

ROGERS E M, 1983. Diffusion of innovation [M]. New York: New York Press.

SAHA A, 1994. Compensated optimal response under uncertainty in agricultural household models [J]. Agricultural Economics, 11 (2-3): 111-123.

SCHOEMAKER P, AMIT R, 1994. Investment in strategic assets: industry and firm-level perspectives [J]. Advances in Strategic Management, 10: 3-33.

SCHULTZ T W, 1964. Transforming traditional agriculture [M]. New Haven: Yale University Press.

SEKABIRA H, BONABANA-WABBI J, ASINGWIRE N, 2012. Determinants for adoption of ICT-based MIS by smallholder farmers and traders in Mayuge District, Uganda [J]. International Association of Agricultural Economists, 4 (14): 404-415

SIMAR L, WILSON P W, 1998. Sensitivity analysis of efficiency scores: how to bootstrap in nonparametric frontier models [J]. Management Science, 44 (1): 49-61.

SOBEL M, 1982. Asymptotic confidence intervals for indirect effects in structural equation models [J]. Sociological Methodology, 13: 290-312.

SOLOW R M, 1956. A contribution to the theory of economic growth [J]. The Quarterly Journal of Economics, 70 (1): 65-94.

STIGLER G J, 1971. The theory of economic regulation [J]. Bell Journal of Economics, 2 (1): 3-21.

STOKEY N L, 2021. Technology diffusion [J]. Review of Economic Dynamics, 42: 15-36.

SURI T, 2011. Selection and comparative advantage in technology adoption [J]. Econometrica, 79 (1): 159-209.

TAN L L, 2013. The effects of agricultural informatization on agricultural economic growth: an empirical analysis based on regression model [J]. Asian Agricultural Research, 5 (8): 14-18.

THOMAS G F, ZOLIN R, HARTMAN J L, 2009. The central role of communication in developing trust and its effect on employee involvement [J]. Journal of Business Communication, 46 (3): 287-310.

TUCKER M, NAPIER T L, 2002. Preferred sources and channels of soil and water conservation information among farmers in three midwestern US watersheds [J]. Agriculture Ecosystems & Environment, 92 (2-3): 297-313.

ULLAH R, SHIVAKOTI G P, ZULFIQAR F, 2017. Disaster risk management in agriculture: tragedies of the smallholders [J]. Natural Hazards, 87 (3): 1361-1375.

VAN DUIJN J J, 1977. The long wave in economic life [J]. De Economist, 125 (4): 544-576.

WARD M R, ZHENG S, 2016. Mobile telecommunications service and economic growth: evidence from China [J]. Telecommunications Policy, 40 (2-3): 89-101.

WERNERFELT B, 1984. Stagflation, new products, and speculation [J]. Journal of Macroeconomics, 6 (3): 295-309.

WILDE P E, RANNEY C K, 2000. The monthly food stamp cycle: shopping frequency and food intake decisions in an endogenous switching regression framework [J]. American Journal of Agricultural Economics, 82 (1): 200-213.

WILLIAMSON O E, 1975. Markets and hierarchies: analysis and antitrust implications [M]. New York: The Free Press.

WOSSEN T, BERGER, DI FALCO S, 2015. Social capital, risk preference and adoption of improved farm land management practices in Ethiopia [J]. Agricultural Economic, 46 (1): 81-97.

WOZNIAK G D, 1993. Joint information acquisition and new technology adoption: later versus early adoption [J]. Review of Economics and Statistics, 75 (3): 438-445.

WU G, GONZALEZ R, 1996. Curvature of the probability weighting function [J]. Management Science, 42 (12): 1676-1690.

ZHANG L X, LIU X, LI D L, et al. , 2013. Evaluation of the rural informatization level in four Chinese regions: a methodology based on catastrophe theory [J]. Mathematical and Computer Modelling，58（3-4）：868-876.

ZHOU D，LI B Q，2017. How the new media impacts rural development in China：an empirical study [J]. China Agricultural Economic Review，9（2）：238-254.

# 附　　录

## 附录1　近年来有关农村互联网发展相关政策一览

近年来有关农村互联网发展相关政策一览表如附表1所示。

附表1　近年来有关农村互联网发展相关政策一览表

| 年份 | 政策或项目 | 相关内容 |
|---|---|---|
| 2014 | 《农业部关于开展信息进村入户试点工作的通知》 | 整合"公益服务、便民服务、电子商务、培训体验服务"四类服务，实现信息精准到户、服务方便到村 |
| 2015 | 《国务院办公厅关于促进农村电子商务加快发展的指导意见》 | 增强农民使用智能手机的能力，积极利用移动互联网拓宽电子商务渠道，提升为农民提供信息服务的能力 |
| 2015 | 《国务院关于积极推进"互联网＋"行动的指导意见》 | 利用互联网提升农业生产、经营、管理和服务水平，培育一批网络化、智能化、精细化的现代"种养加"生态农业新模式，形成示范带动效应，加快完善新型农业生产经营体系，培育多样化农业互联网管理服务模式 |
| 2015 | 《国务院办公厅关于加快转变农业发展方式的意见》 | 加快发展农业信息化。开展"互联网＋"现代农业行动 |
| 2015 | 《农业部关于推进农业农村大数据发展的实施意见》 | 提升通过传统方式和基于互联网等现代方式采集、处理农业农村大数据的支撑能力 |

（续）

| 年份 | 政策或项目 | 相关内容 |
| --- | --- | --- |
| 2015 | 《关于扎实推进国家现代农业示范区改革与建设率先实现农业现代化的指导意见》 | 有条件的示范区要率先整合农业信息资源，加快推进互联网与农业生产经营融合发展，推动物联网等在农业领域的广泛应用，依托移动互联网、大数据、云计算等现代信息技术，建设生产管理智能化平台和全程可追溯、互联共享的农产品质量及食品安全信息平台 |
| 2015 | 《农业部关于开展农民手机应用技能培训提升信息化能力的通知》 | 让手机成为农民获取知识、了解信息、提高生产经营能力的重要方式，开展手机培训，加快农村互联网普及 |
| 2016 | 《农业部关于贯彻实施〈种子法〉全面推进依法治种的通知》 | 鼓励利用互联网建立面向农户的品种推广大数据，形成线上线下相结合的新品种展示示范体系，为农民选购良种、企业推广良种提供信息服务 |
| 2016 | 《农业部办公厅关于加快推进渔业信息化建设的意见》 | 推动移动互联网、云计算、大数据、物联网等信息技术与渔业生产、经营管理、市场流通、资源环境等重点工作融合 |
| 2016 | 《"互联网＋"现代农业三年行动实施方案》 | 大力推进以移动互联网、云计算、大数据、物联网为代表的新一代互联网基础设施的建设与应用 |
| 2016 | 《农业部关于推动落实农村一二三产业融合发展政策措施的通知》 | 实施"互联网＋"现代农业行动，将现代信息技术应用于农业生产、经营、管理和服务 |
| 2017 | 《农业部 教育部关于深入推进高等院校和农业科研单位开展农业技术推广服务的意见》 | 探索"互联网＋"条件下农业技术推广服务的新手段，实现服务精细化、便捷化和高效化 |
| 2017 | 《农业部 发展改革委 财政部关于加快发展农业生产性服务业的指导意见》 | 全面实施信息进村入户工程，鼓励和支持各类服务组织积极参与益农信息社建设，共用共享农村各类经营网点资源，就近为农民和新型经营主体提供公益服务、便民服务、电子商务和培训体验等服务。推动"互联网＋政务服务"向乡村延伸，实现涉农服务事项"进一个门、办样样事" |

（续）

| 年份 | 政策或项目 | 相关内容 |
|------|-----------|----------|
| 2017 | 《关于促进移动互联网健康有序发展的意见》 | 按照精准扶贫、精准脱贫要求，加大对中西部地区和农村贫困地区移动互联网基础设施建设的投资力度，充分发挥中央财政资金引导作用，带动地方财政资金和社会资本投入，加快推进贫困地区网络全覆盖 |
| 2017 | 《2017年农村经营管理工作要点》 | 开发农经统计APP，以"互联网＋"思维凝聚工作力量 |
| 2017 | 《关于加快构建政策体系培育新型农业经营主体的意见》 | 积极利用移动互联网、云计算、大数据、物联网等新一代信息技术，提高全产业链智能化和网络化水平 |
| 2017 | 《关于加快推进"互联网＋农业政务服务"工作方案》 | 牢固树立创新思维和发展眼光，运用云计算、大数据、移动互联网思维，推动农业部线上服务和线下办事紧密融合，构建统一规范的"互联网＋农业政务服务"体系 |
| 2018 | 《2018年农业科教环能工作要点》 | 加强农技推广信息平台建设，推动专家、农技人员和服务对象在线学习、互动交流，提高中国农技推广APP在农人员中的覆盖面和使用率 |
| 2018 | 《农业部关于实施农产品加工业提升行动的通知》 | 引导鼓励利用大数据、物联网、云计算、移动互联网等新一代信息技术，培育发展网络化、智能化、精细化的现代加工新模式，引导农产品加工业与休闲、旅游、文化、教育、科普、养生养老等产业深度融合，积极发展电子商务、农商直供、加工体验、中央厨房、个性定制等新产业新业态新模式，推动产业发展向"产品＋服务"转变 |
| 2018 | 《乡村振兴战略规划（2018—2022年）》 | 加强农业信息化建设，积极推进信息进村入户，鼓励互联网企业建立产销衔接的农业服务平台，加强农业信息监测预警和发布，提高农业综合信息服务水平。大力发展数字农业，实施智慧农业工程和"互联网＋"现代农业行动，鼓励对农业生产进行数字化改造，加强农业遥感、物联网应用，提高农业精准化水平 |

（续）

| 年份 | 政策或项目 | 相关内容 |
|---|---|---|
| 2019 | 《关于促进小农户和现代农业发展有机衔接的意见》 | 实施互联网＋小农户计划。加快农业大数据、物联网、移动互联网、人工智能等技术向小农户覆盖，提升小农户手机、互联网等应用技能，让小农户搭上信息化快车 |
| 2018 | 关于实施产业扶贫三年攻坚行动的意见 | 指导贫困地区开展农民手机应用技能培训，提高贫困户信息查询、服务获取和便捷生活的能力，使手机成为广大贫困户的"新农具" |
| 2019 | 《数字乡村发展战略纲要》 | 加强基础设施共建共享，加快农村宽带通信网、移动互联网、数字电视网和下一代互联网发展。鼓励开发适应"三农"特点的信息终端、技术产品、移动互联网应用（APP）软件，推动民族语言音视频技术研发应用 |
| 2019 | 《关于开展乡村治理体系建设试点示范工作的通知》 | 充分利用现代信息技术，探索建立"互联网＋"治理模式，提高信息服务网络覆盖面 |
| 2019 | 《农业农村部关于加快推进农业机械化转型升级的通知》 | 推广使用手机 APP 办理农机购置补贴、农机深松整地等作业补助联网监测等应用软件 |
| 2019 | 《数字农业农村发展规划（2019—2025 年）》 | 实施大数据战略和数字乡村战略、大力推进"互联网＋"现代农业等一系列重大部署安排 |
| 2019 | 《关于实施"互联网＋"农产品出村进城工程的指导意见》 | 支持各类企业开发服务"三农"的手机应用，持续开展农民手机应用技能培训，提高农民获取信息、管理生产、网络销售等能力 |
| 2020 | 《2020 年推进现代种业发展工作要点》 | 利用手机、电视、广播等多种手段，强化信息服务，指导农户科学选种 |
| 2020 | 《2020 年乡村产业工作要点》 | 促进互联网、物联网、区块链、人工智能、5G、生物技术等新一代信息技术与农业融合 |
| 2020 | 《农业农村部办公厅关于做好 2020 年基层农技推广体系改革与建设任务实施工作的通知》 | 加快农技推广服务信息化工作步伐。精准提供政策、技术、信息等资源和配套服务 |

（续）

| 年份 | 政策或项目 | 相关内容 |
|---|---|---|
| 2020 | 《农业农村部关于加快推进设施种植机械化发展的意见》 | 支持建立一批设施种植机械化技能人才培养基地，推广在线学习平台及手机 APP |
| 2020 | 《国务院办公厅关于促进畜牧业高质量发展的意见》 | 加强大数据、人工智能、云计算、物联网、移动互联网等技术在畜牧业的应用，提高圈舍环境调控、精准饲喂、动物疫病监测、畜禽产品追溯等智能化水平 |
| 2020 | 《2020 年农业农村部网络安全和信息化工作要点》 | 持续开展农民手机应用技能培训，采用线上线下相结合的形式，培训提升农民手机应用能力 |
| 2020 | 《全国乡村产业发展规划（2020—2025 年）》 | 在农业生产、加工、流通等环节，加快互联网技术应用与推广。实施"互联网＋"农产品出村进城工程，完善乡村信息网络基础设施 |
| 2020 | 《关于开展国家数字乡村试点工作的通知》 | 完善以移动互联网为代表的乡村新一代信息基础设施，积极采用"三农"特点的信息终端、技术产品、移动互联网应用软件 |
| 2020 | 《关于进一步加强惠民惠农财政补贴资金"一卡通"管理的指导意见》 | 综合运用互联网、大数据等信息化手段，统筹推进相关政策整合优化和补贴资金管理、发放、信息公开等工作 |
| 2021 | 《社会资本投资农业农村指引（2021 年）》 | 鼓励参与农村地区信息基础设施建设，提高乡村治理、社会文化服务等信息服务水平。鼓励参与"互联网＋"农产品出村进城工程建设，推进优质特色农产品网络销售，促进农产品产销对接。 |
| 2021 | 《关于推动脱贫地区特色产业可持续发展的指导意见》 | 开展脱贫地区特色农产品展示展销共同行动。实施"互联网＋"农产品出村进城工程，完善农产品产销对接公益服务平台 |
| 2021 | 《农业农村部关于加快农业全产业链培育发展的指导意见》 | 实施"互联网＋"农产品出村进城工程，充分发挥品牌农产品综合服务平台和益农信息社作用，加强与大型知名电子商务平台合作，开设地方特色馆，发展直播带货、直供直销等新业态 |

（续）

| 年份 | 政策或项目 | 相关内容 |
|---|---|---|
| 2021 | 《农业农村部关于拓展农业多种功能 促进乡村产业高质量发展的指导意见》 | 发挥农村电商在对接科工贸的结合点作用，实施"互联网＋"农产品出村进城工程，利用5G、云计算、物联网、区块链等技术，加快网络体系、前端仓库和物流设施建设，把现代信息技术引入农业产加销各个环节 |
| 2021 | 《农业农村部办公厅关于开展农业社会化服务创新试点工作的通知》 | 探索创新服务机制。引导农资企业、农业科技公司、互联网平台等各类涉农组织向农业服务业延伸，探索通过"农资＋服务""科技＋服务""互联网＋服务"等方式拓展业务，促进技物结合、技服结合 |
| 2021 | 《农业农村部办公厅中国农业银行办公室关于金融支持农业产业化联合体发展的意见》 | 提升数字化水平。对农业生产、企业经营和产业链运营全过程进行数字化改造，建设联合体成员共同参与、内部畅通循环的产业互联网 |
| 2021 | 《农业农村部 国家乡村振兴局关于在乡村治理中推广运用清单制有关工作的通知》 | 建立健全配套措施。推动"互联网＋政务服务"向基层延伸，扩大智能化服务平台在乡镇和村的覆盖面，提高为农服务效率 |

# 附录2　河南省小麦种植农户调查问卷

| | |
|---|---|
| 调查问卷编号 | |
| 调查地点（精确到乡、村级） | |
| 调查乡、村耕地面积/亩 | |
| 调查乡、村小麦种植面积/亩 | |
| 调查乡、村人均收入/元 | |
| 调查乡、村与公路干线的距离/千米 | |
| 调查乡、村是否有综合信息服务站 | （1＝是；2＝否） |
| 调查人员姓名 | |
| 调查日期 | |

注：该表由调查人员填写，每个乡、村只用填写一份。

## 一、农户基本情况

1. 个人及家庭基本情况（填写农业生产经营决策人信息）

| | |
|---|---|
| 性别 | |
| 年龄 | |
| 户口类型 | |
| 婚姻状况 | |
| 健康状况 | |
| 家庭人口 | |
| 受教育年限 | |
| 职业 | |

（续）

| | |
|---|---|
| 性别 | |
| 是否返乡务农人员 | |
| 家庭成员是否担任干部 | |
| 家庭农业劳动力数量 | |
| 家庭在外务工人数 | |

注：户口类型（农业＝1、非农＝2、无户口＝3）；婚姻状况（已婚＝1、离婚＝2、丧偶＝3、未婚＝4）；健康状况（好＝1、一般＝2、差＝3、无劳动能力＝4）；职业（务农＝1、非农就业＝2、学生＝3、其他＝4）；是否返乡务农人员（有超过6个月时间在城市从事非农工作的经历者是返乡务农人员，是＝1、否＝0）；家庭成员是否担任干部（没有＝1、村干部＝2、乡镇干部＝3、县级以上干部＝4）；家庭人口（在家庭中共享收入的成员的数量，一般不包括分家的儿女以及出嫁的女儿）；家庭农业劳动力数量（16～65岁从事农业生产经营活动的劳动力，不包含年满16周岁的在校生和由国家支付工资的职工）

2. 您家现有耕地____亩，其中集体分到____亩，土地转入____亩，土地转出____亩，自家开垦____亩。

3. 您家去年总收入____万元，农业纯收入____万元，小麦生产收入____万元。

4. 过去一年您家庭参加农技培训次数为____次。

5. 您是否有参加合作社？_____
    A. 有参加    B. 未参加

6. 您目前小麦种植比例情况（种植面积占比）是____％。

7. 您是否关注小麦新品种信息？_____
    A. 从不关注    B. 很少关注    C. 一般    D. 经常关注

## 二、移动互联网应用情况

1. 您从____年开始使用智能手机，您每月手机费用为____元。

注：智能手机是指具有独立的操作系统，可以由用户自行安装软件第三方服务商提供的程序，并可以通过移动通信网络实现无线

网络接入的手机。若未使用智能手机，则本项请都填 0，且移动互联网应用情况的第 7 至第 16 项不用填写。

2. 您家中是否有无线网络？____

如有，每月无线网络费用为____元。（没有填 0）

3. 您或家人是否接受过智能手机使用方面培训？____（填 1＝是、2＝否）

如选择是，2020 年 1 月 1 日以来参加过____次培训。（没有填 0）

4. 您每周使用移动互联网（手机上网）时间为____小时。

5. 您有经常使用移动互联网应用程序（手机 APP）有____个。

注：移动互联网应用程序是指需要手机连接移动网络才能正常使用的应用程序，经常使用是指每周平均使用一次以上。

6. 您使用智能手机上网主要用途是什么？_____（可多选，最多选 3 项）

　　A. 关注新闻

　　B. 获取农业新技术、新品种信息

　　C. 获取农产品、生产资料价格

　　D. 网上购物

　　E. 学习新知识

　　F. 休闲娱乐

　　G. 聊天交际

7. 您在使用智能手机上网过程中遇到困难如何解决？_____

　　A. 自己解决（包括上网寻找解决方案）

　　B. 找家人朋友帮忙

　　C. 找专业技术人员帮忙

　　D. 其他

8. 您平均每周使用手机上网获取农业新品种、新技术等信息的时长有____小时。

9. 您认为限制自己通过移动互联网获取信息的因素有哪些？

_____（可多选，不超过 3 项）

    A. 不会使用

    B. 没有这方面想法（需求）

    C. 软件操作太过繁琐

    D. 没有必要

    E. 使用成本高

    F. 难以获得想要的信息

    G. 信息质量不高

    H. 没有限制因素

    I. 其他

10. 您对互联网的了解程度怎么样？____

    A. 非常了解　　B. 比较了解

    C. 一般　　　　D. 不太了解　　E. 不了解

11. 您认为移动互联网是否有助于获取新品种、新技术等信息？_____

    A. 完全没帮助　　B. 帮助不大

    C. 不好说　　　　D. 有些帮助　　E. 非常有帮助

## 三、小麦种植情况

1. 您今年（指 2020 年播种，2021 年收获）小麦播种____亩，品种为_____（填多种时，请注明种植比例）；您是____年开始种植该品种小麦的。您去年（2020 年收获）播种小麦____亩，亩产为____千克；品种为_____。

2. 2020 年 1 月 1 日以来，您的家庭参加过____次（如没有参加过请填 0）农业技术培训活动。

3. 当了解某种小麦新品种后，您的态度是什么？_____

    A. 积极大规模选用

    B. 小规模尝试后再决定

C. 看别人种植效果后再决定

D. 等身边多数人种植后再说

E. 不关心

4. 您选择小麦种子时最看重的因素是什么？ _____

  A. 产量　　　B. 抗逆性（抗病性、抗倒伏、耐旱性）

  C. 品质　　　D. 生长期

5. 您购买小麦种子的主要地点是哪里？ _____

  A. 县种子公司　　　B. 当地个体经销商

  C. 乡镇农技站　　　D. 科研机构

  E. 外地经销商　　　F. 通过亲朋好友　　　G. 其他

6. 您种植当前品种的小麦比种植之前品种的小麦，每亩单产变化？ _____

  A. 高　　　　B. 低　　　　C. 差不多

7. 您种植当前品种的小麦比种植之前品种的小麦，每亩投入成本变化？ _____

  A. 高　　　　B. 低　　　　C. 差不多

8. 您种植当前品种的小麦比种植之前品种的小麦，每亩收益变化？ _____

  A. 高　　　　B. 低　　　　C. 差不多

9. 您种植当前品种的小麦比种植之前品种的小麦，小麦质量变化？ _____

  A. 变好　　　B. 变差　　　C. 差不多

10. 您是通过何种途径获得当前种植的小麦的品种信息的？_____（可多选）

  A. 微信、抖音、快手等移动互联网应用程序

  B. 政府、企业等农技推广人员上门宣传

  C. 合作社组织培训

  D. 农户间交流

E. 其他

11. 你认为选择小麦新品种的风险是什么？ _____

    A. 种子本身存在质量问题

    B. 价格波动

    C. 相关种植技术跟不上

    D. 病虫害问题

    E. 气象灾害

    F. 其他

12. 您认为，您可以较容易地获取近年通过审定的小麦新品种的名称信息吗？ _____

    A. 很不同意    B. 比较不同意

    C. 中立    D. 比较同意    E. 很同意

13. 您认为，您可以较容易地获取近年通过审定的小麦新品种的审定信息吗？ _____

    A. 很不同意    B. 比较不同意

    C. 中立    D. 比较同意    E. 很同意

14. 您认为，您可以较容易地获取近年通过审定的小麦新品种的特性信息吗？ _____

    A. 很不同意    B. 比较不同意

    C. 中立    D. 比较同意    E. 很同意

15. 您认为，您可以较容易地获取近年通过审定的小麦新品种的播种技术信息吗？ _____

    A. 很不同意    B. 比较不同意

    C. 中立    D. 比较同意    E. 很同意

16. 您认为，您可以较容易地获取近年通过审定的小麦新品种的田间管理技术信息吗？ _____

    A. 很不同意    B. 比较不同意

    C. 中立    D. 比较同意    E. 很同意

17. 您认为，您可以较容易地获取小麦市场价格信息吗？_____

  A. 很不同意  B. 比较不同意

  C. 中立  D. 比较同意  E. 很同意

18. 您认为，您可以较容易地获取小麦种子价格信息吗？_____

  A. 很不同意  B. 比较不同意

  C. 中立  D. 比较同意  E. 很同意

19. 您认为，您可以较容易地获取农药化肥价格信息吗？_____

  A. 很不同意  B. 比较不同意

  C. 中立  D. 比较同意  E. 很同意

20. 您认为，种植新品种的小麦单位面积产量提升预期怎样？_____

  A. 非常小  B. 比较小

  C. 一般  D. 比较大  E. 非常大

21. 您认为，种植新品种的小麦抗逆性（抗病性、抗倒伏、抗旱性等）提升预期怎样？_____

  A. 非常小  B. 比较小

  C. 一般  D. 比较大  E. 非常大

22. 您认为，种植新品种的小麦品质提升预期怎样？_____

  A. 非常小  B. 比较小

  C. 一般  D. 比较大  E. 非常大

23. 您认为，种植新品种的小麦生育期适应性提升怎样？_____

  A. 非常小  B. 比较小

  C. 一般  D. 比较大  E. 非常大

24. 您认为，种植新品种的小麦降低投入成本预期会怎

样？_____

     A. 非常小     B. 比较小

     C. 一般     D. 比较大     E. 非常大

25. 您今后是否打算继续种植当前小麦品种？_____

     A. 是     B. 否     C. 不确定

26. 您认为最理想的小麦新技术、新品种信息获取途径是什么？_____

     A. 微信、抖音、快手、益农信息社 APP 等移动互联网应用程序

     B. 政府、企业等农技推广人员上门宣传

     C. 合作社组织培训

     D. 农户间交流

     E. 其他